"十三五"普通高等教育本科系列教材

U0204669

发电厂电气运行技术教程

编著　王德江　孙玉梅　杨　明
主审　张炳义

中国电力出版社
CHINA ELECTRIC POWER PRESS

内 容 提 要

本书为"十三五"普通高等教育系列规划教材。

本书是电气类专业的校企合作教材,是为培养发电厂、变电站技术岗位应用型人才,从生产实际出发而编写的实践性教材。全书共分 11 章,第 1、2 两章介绍发电机、变压器运行的基础知识,第 3～11 章介绍发电厂电气运行各方面的技术规程,包括发电机运行规程,变压器运行规程,配电装置运行规程,电动机运行规程,交流系统运行规程,直流系统运行规程,不间断电源(UPS)系统运行规程,柴油发电机运行规程,电气监控系统(ECS)运行规程。

本书可作为普通高等院校电气类相关专业的教材、高职高专教材和函授教材,也可作为发电企业技术人员的培训教材,同时还可供从事发电厂电气运行、技术管理工作的工程技术人员参考。

图书在版编目(CIP)数据

发电厂电气运行技术教程/王德江,孙玉梅,杨明主编. —北京:中国电力出版社,2015.12(2022.2重印)

"十三五"普通高等教育本科规划教材

ISBN 978 - 7 - 5123 - 8359 - 3

Ⅰ.①发⋯ Ⅱ.①王⋯ ②孙⋯ ③杨⋯ Ⅲ.①发电厂—电气设备—运行—高等学校—教材 Ⅳ.①TM621.7

中国版本图书馆 CIP 数据核字(2016)第 023467 号

中国电力出版社出版、发行

(北京市东城区北京站西街 19 号 100005 http://www.cepp.sgcc.com.cn)
北京九州迅驰传媒文化有限公司印刷
各地新华书店经售

*

2015 年 12 月第一版 2022 年 2 月北京第三次印刷
787 毫米×1092 毫米 16 开本 11.25 印张 269 千字
定价 **23.00** 元

前　言

　　《发电厂电气运行技术教程》是电气工程及其自动化专业的校企对接教材，取材来自企业生产实际，是为培养发电厂、变电站技术岗位应用型人才，从生产实际出发而编写的实践性教材。第 1、2 章是发电机、变压器电气运行的基础知识，第 3~11 章是发电机、变压器、配电装置、电动机、交直流系统、柴油发电机以及 UPS、ECS 的电气运行技术规程。

　　技术规程是运行人员进行操作、调整、检查、试验和事故处理的技术标准，所有运行人员都应按照技术标准工作。本书是根据设备的特点、制造厂说明书以及相关的技术文件、资料进行编写，同时参考了相关电厂同类型机组的运行经验和《中国国电集团公司重大事故预防措施》以及电力行业的发电厂电气运行典型规程编写而成。若本书中有与相关法律法规冲突的情况，应与法律法规为准。

　　书中第 1、2 章由杨明讲师编写，第 3~7 章由王德江教授编写，第 8~11 章由孙玉梅高级工程师编写，南山电力总公司周茂、宋广庆同志提出一些有益建议，全书由王德江教授统稿，由沈阳工业大学张炳义教授主审。

　　由于编者水平所限，疏漏之处在所难免，希望读者提出宝贵意见。

编　者

2015 年 11 月于烟台南山学院

目　　录

1 同步发电机的基础知识

本章着重介绍同步发电机的基础知识,其中包括工作原理,基本结构,氢、油、水系统,励磁系统,运行特性,启、停操作,正常运行,进相运行,调相运行,异常运行和事故处理方面的内容。

1.1 概　　述

1.1.1 同步发电机的工作原理

导线切割磁力线能产生感应电动势,将导线连成闭合回路就有电流流过,同步发电机就是利用电磁感应原理将机械能转变为电能的。

图 1-1 所示为同步发电机工作原理图。在同步发电机的定子铁心内,对称地安放着 A—X、B—Y、C—Z 三相绕组。所谓对称三相绕组,就是每相绕组匝数相等,三相绕组的轴线在空间互差 120°电角度。在同步发电机的转子上装有励磁绕组,当直流电通过励磁绕组时会产生主磁场,其磁通如图 1-1 中虚线所示。磁极的形状决定了气隙磁密在空间基本上按正弦规律分布。所以,当原动机带动转子旋转时,就得到一个在空间按正弦规律分布的旋转磁场。定子三相绕组在空间互差 120°电角度。因此,三相感应电动势在时间上也互差 120°电角度,发电机发出的就是对称三相交流电,即

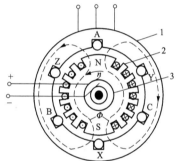

图 1-1 同步发电机工作原理图
1—定子铁心;2—转子;3—集电环

$$\left.\begin{array}{l} e_A = E_m \sin\omega t \\ e_B = E_m \sin(\omega t - 120°) \\ e_C = E_m \sin(\omega t - 240°) \end{array}\right\} \tag{1-1}$$

感应电动势的频率取决于发电机的磁极对数 p 和转子转速 n。当转子为一对磁极时,转子旋转一周,定子绕组中的感应电动势正好交变一次,即一个周期;当转子有 p 对磁极时,转子旋转一周,感应电动势就交变了 p 个周期。设转子的转速为 n(r/min),则感应电动势每秒钟交变 $pn/60$ 次,即感应电动势的频率为

$$f = \frac{pn}{60} \tag{1-2}$$

式(1-2)表明,当同步发电机的极对数 p、转速 n 一定时,则定子绕组感应电动势的频率一定,即转速与频率保持严格不变的关系,这是同步发电机的基本特点之一。

我国电力系统的标准频率规定为 50Hz,因此,当 n=3000r/min 时,发电机应为一对极;当 n=1500r/min 时,发电机应为两对极,依次类推。

当同步发电机的三相绕组与负载接通时,对称三相绕组中流过对称三相电流,并产生一

个旋转磁场，这个旋转磁场的转速 $n_1 = 60f/p$，即定子旋转磁场的转速与发电机转子转速相同，也就是同步，故称为同步发电机。

1.1.2　同步发电机的基本结构

从发电机的工作原理可知，发电机是由定子、转子两个基本部分组成的。图 1-2 所示为汽轮发电机结构示意，现分别叙述如下。

（1）定子。定子由定子铁心、定子绕组（也叫电枢绕组）、机座、端盖及挡风装置等部件组成。

• 定子铁心是发电机磁路的一部分，同时也用来嵌放定子绕组。定子铁心的形状呈圆筒形，在内壁上均匀地分布着槽。为了减小铁心损耗，定子铁心一般采用 0.5mm 厚无方向性冷轧硅钢片叠装制成。如图 1-3 所示，沿轴向分成若干段，段与段之间留有 1cm 宽的径向风道。整个铁心用非磁性的端压板和抱紧螺杆压紧固定于机座上。

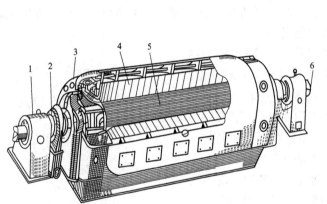

图 1-2　汽轮发电机结构示意图

1—轴承座；2—出水支架；3—端盖；
4—定子；5—转子；6—进水口

图 1-3　定子铁心拼装图

1—测温元件；2—机座；
3—定位筋；4—扇形硅钢片

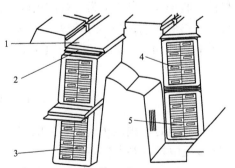

图 1-4　定子绕组在定子槽内布置图

1—槽楔；2—波纹板；3—热弹性绝缘；
4—上层空心绕组；5—下层实心绕组

• 定子绕组是定子的电路部分，它是感应电动势通过电流实现机电能量转换的重要部件。定子绕组采用铜线制成，整个绕组对地绝缘。汽轮发电机多采用双层叠绕组。为了减小集肤效应引起的附加损耗，绕制定子绕组的导线由许多互相绝缘的多股线并绕而成，在绕组的直线部分还要换位，以减小因漏磁通而引起各股线间的电动势差和涡流。图 1-4 所示为定子绕组在定子槽内布置图。

• 定子机座应有足够的强度和刚度，一般机座都是用钢板焊接而成，主要用于固定定子铁心，并和其他部件一起形成密闭的冷却系统。

（2）转子。转子由转子铁心、转子绕组（也叫励磁绕组）、集电环、转轴等部件组成。对于汽轮发电机，因其转速高达3000r/min，因此转子要做得细一些，以减少转子圆周的线速度，避免转子部件由于局

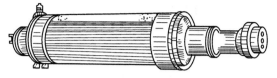

图 1-5　发电机转子结构示意图

速旋转的离心作用而损坏。所以转子形状为隐极式，它的直径小，为一细长的圆柱体，如图1-5所示。

转子铁心既是发电机磁路的一部分，又是固定励磁绕组的部件，发电机的转子一般采用导磁性能好、机械强度高的合金钢锻成，并和轴锻成一个整体。沿转子铁心轴向，铁心表面2/3的部分对称地铣有凹槽，槽的形状为辐射形排列。占转子表面1/3的不开槽部分形成一个大齿，大齿的中心实际为磁极中心。汽轮发电机转子铁心结构如图1-6所示。

励磁绕组由裸扁铜线绕成同心式绕组，嵌放在铁心槽中，所有绕组串联组成励磁绕组。直流励磁电流一般是通过电刷和集电环引入转子励磁绕组，形成转子的直流电路。励磁绕组各匝间相互绝缘，各匝和铁心间也有可靠的绝缘，如图1-7所示。

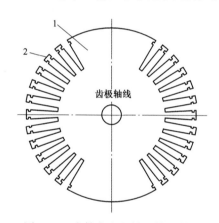

图 1-6　汽轮发电机转子铁心结构

1—大齿；2—小齿

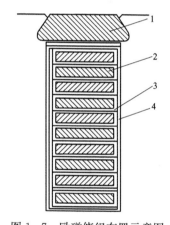

图 1-7　励磁绕组布置示意图

1—槽楔；2—励磁绕组；3—匝间绝缘；4—云母绝缘套

1.1.3　发电机的主要技术参数

某电厂600MW汽轮发电机的主要技术参数如下：

（1）型号：QFSN-600-2。

（2）额定容量：667MVA。

（3）额定功率：600MW。

（4）额定电压：20kV。

（5）额定电流：19245A。

（6）额定功率因数：0.9。

（7）额定转速：3000r/min。

（8）额定频率：50Hz。

（9）相数接法：3相、YY。

（10）冷却方式：定子绕组水内冷、铁心氢冷、转子绕组氢内冷。

（11）氢气压力：0.4MPa。

（12）定子绕组入口水温：45～50℃。

（13）绝缘等级：F（按B级允许温度限值使用）。

（14）短路比：0.54。

（15）效率：98.85%。

（16）励磁方式：静态励磁。

（17）额定励磁电压：402V。

（18）额定励磁电流：4202A。

（19）空载励磁电压：139V。

（20）空载励磁电流：1480A。

（21）顶值电压：等于2倍额定励磁电压。

（22）响应时间：小于0.1s。

（23）允许强励持续时间：20s。

（24）负序承受能力 $(I_2/I_N)^2 t$：10s。

（25）噪声水平：小于或等于90dB。

（26）预期寿命：30年。

1.1.4　发电机的电动势方程、等值电路和相量图

1.1.4.1　发电机带负载运行时的电磁量

发电机负载运行时，由于定子三相绕组中有电流通过，也会形成一个磁场，该磁场也是旋转磁场，称之为电枢磁场，电枢磁场以与转子主磁场相同的转速、相同的方向旋转。所以同步发电机运行时，气隙中存在着两个旋转磁场，即转子旋转磁场和电枢旋转磁场。为了分析问题简单方便，可不计磁路饱和的影响。应用叠加原理，认为一个磁通势独立产生一个磁通，并在电枢绕组中感应出相应的电动势。所以负载时定子绕组中感应电动势包括转子磁场感应的空载电动势 $\dot{E}_0$、电枢磁场感应的电动势 $\dot{E}_S$ 和漏磁通感应的电动势 $\dot{E}_\sigma$。上述磁通势、磁通、电动势之间的关系可表示如下

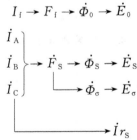

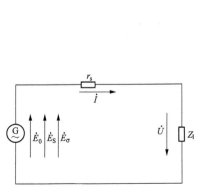

图1-8　发电机各电磁量正方向

1.1.4.2　电动势方程

根据基尔霍夫电压定律，参看图1-8所示发电机各电磁量正方向，得出一相绕组的电动势平衡方程式

$$\dot{E}_0 + \dot{E}_S + \dot{E}_\sigma = \dot{U} + \dot{I}r_s \qquad (1-3)$$

式中　$\dot{U}$——发电机的相电压；

$\dot{I}r_s$——电枢一相绕组的电阻压降；

$\dot{E}_0$——主磁通 Φ_0 产生的电动势，也称空载电动势；

$\dot{E}_s$——电枢反应磁通 Φ_s 感应的电动势；

$\dot{E}_\sigma$——漏磁通 Φ_σ 感应的电动势。

若忽略电枢绕组的电阻压降，则有

$$\dot{E}_0 + \dot{E}_s + \dot{E}_\sigma = \dot{U} \tag{1-4}$$

其中，漏电动势与漏磁通是成正比的，而漏磁通又与电枢电流 $\dot{I}$ 成正比，因此漏电动势可以用一个电抗压降来表示，由于漏电动势滞后漏磁通 90°。所以有

$$\dot{E}_\sigma = -j\dot{I}X_\sigma \tag{1-5}$$

式中　X_σ——漏电抗。

如果不计磁路饱和，则电枢反应电动势、电枢反应磁通、电枢反应磁通势和电枢电流成正比关系。电枢反应磁通 Φ_s 与电枢电流 $\dot{I}$ 同相位，故 $\dot{E}_s$ 滞后 $\dot{I}$ 90°，与漏电动势一样，电枢反应电动势可以用电抗压降来表示，即

$$\dot{E}_s = -j\dot{I}X_s \tag{1-6}$$

式中　X_s——电枢反应电抗。

综上，电动势方程可表示为

$$\dot{E}_0 - j\dot{I}X_s - j\dot{I}X_\sigma = \dot{U}$$

或

$$\dot{E}_0 = \dot{U} + j\dot{I}(X_s + X_\sigma) = \dot{U} + j\dot{I}X_d \tag{1-7}$$

式中　X_d——同步电抗。

1.1.4.3　发电机的等值电路和相量图

由式（1-7）可得同步发电机的等值电路如图 1-9 所示。根据图 1-9 的等值电路可以画出如图 1-10 所示的同步发电机带感性负载时的相量图。

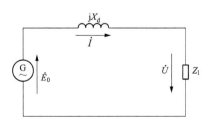
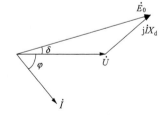

图 1-9　同步发电机的等值电路　　　　图 1-10　发电机接带感性负载时的相量

1.1.5　发电机的氢、油、水系统

1.1.5.1　汽轮发电机的氢气系统

（1）发电机氢气系统的作用。为冷却大容量汽轮发电机定子铁心和转子绕组，要求建立一套专门的氢气系统。这种系统能保证给发电机补氢和补漏气，能自动监视和自动维持发电

机内的氢压稳定，能自动维持氢气的纯度和冷却器端的氢温，能实现发电机内的气体置换等功能。图 1-11 所示为某 600MW 发电机的氢气系统图。

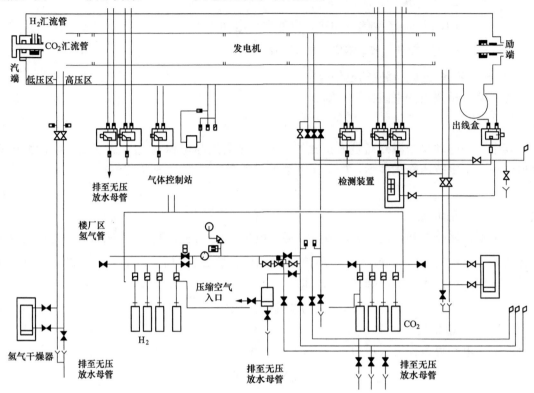

图 1-11　某 600MW 发电机的氢气系统图

（2）某 600MW 发电机氢气系统的参数如下：

• 最大氢气压力（发电机机壳内）：0.5MPa。

• 额定氢压允许变化范围：0.39～0.44MPa。

• 发电机机壳内氢气纯度：额定为 98%，最小为 95%。

• 发电机补氢纯度：大于 99%。

• 发电机补氢湿度（露点）：小于或等于 -25℃。

• 发电机机壳和管路的容积：117m^3。

• 氢气总补充量（在 0.414MPa 额定氢压时）保证值：小于或等于 8m^3/24h。

（3）发电机的气体置换。发电机气体置换采用中间介质置换法，充氢前先用中间介质（二氧化碳或氮气）排除发电机及系统管路内的空气，当中间气体的含量超过 95%（二氧化碳）或 97%（氮气）（容积比）后，才可充入氢气，排除中间气体，最后置换到氢气状态。这一过程所需的中间气体为发电机和管道容积的 2～2.5 倍，所需氢气约为其容积的 2～3 倍。发电机由充氢状态置换到空气状态时，其过程与上述类似，先向发电机内引入中间气体排除氢气，使中间气体含量超过 95%（二氧化碳）或 97%（氮气）后，方可引进空气，排除中间气体。当中间气体含量低于 15% 以后，可停止排气。此过程所需的气体为发电机和管道容积的 1.5～2 倍。

（4）发电机正常运行的补氢和排氢。正常运行时，由于下述原因发电机需补充氢气：

• 由于存在氢气泄漏，故必须补充氢气以保持压力。

• 由于密封油中溶解有空气，致使机内氢气污染，纯度下降，需排污补氢，以保证氢气纯度。

正常运行时氢气减压器整定值为 0.4MPa；发电机运行时，当机内氢气压力下降到 0.38MPa 时，压力开关动作报警；手动调节氢气减压器补氢，当机内氢压升至 0.42MPa 时，手动调节氢气减压器进口阀门，打开排气阀门使机内氢气压力降低到 0.4MPa。

1.1.5.2　汽轮发电机的密封油系统

（1）发电机密封油系统的作用。为保证发电机内部氢气的纯度和压力不变。氢冷发电机都采用油封，为此需要一套供油系统称为密封油系统，汽轮发电机转轴与端盖之间的密封装置叫轴封，它的作用是防止外界气体从汽轮发电机转轴和端盖之间进入发电机内部或阻止机内氢气外泄。

采用油进行密封的原理是：在高速旋转的轴与静止的密封瓦之间注入连续的油流，形成一层油膜来封住气体，使机内的氢气不外泄，外面的空气不能侵入机内。为此，油压必须高于氢压，才能维持连续的油膜，一般只要使密封油压比机内氢压高出 0.015MPa 就可以封住氢气，从运行安全上考虑，一般要求油压比氢压高 0.03～0.08MPa。为了防止轴电流破坏油膜，烧伤密封瓦和减少定子漏磁通在轴封装置内产生附加损耗，轴封装置与端盖和外部油管法兰盘接触处都需加绝缘垫片。

（2）密封油系统的组成。发电机的密封油系统是由：空侧交流泵、空侧直流泵、氢侧交流泵、氢侧直流泵、空侧过滤器、氢侧过滤器、密封油箱及油位信号器、油—水冷却器、压差阀、平衡阀、氢油分离箱、截止阀、止回阀、蝶阀、压力表、温度计、变送器及连接管路等部件组成。图 1 - 12 所示为某 600MW 发电机的密封油系统图。

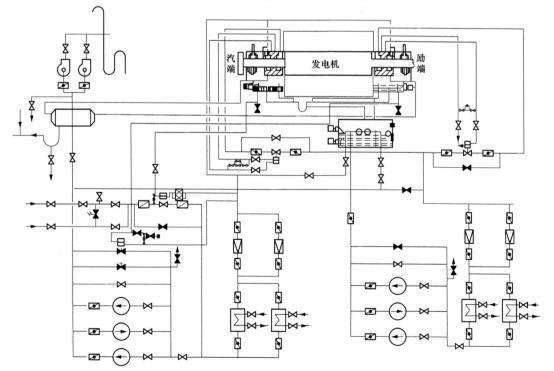

图 1 - 12　某 600MW 发电机的密封油系统图

（3）密封油系统的工作方式。密封油系统正常运行时，空侧和氢侧两路密封油分别通过发电机密封瓦的空、氢侧环形油室循环，形成对机内氢气的密封作用。除此之外，密封油对于密封瓦还具有润滑作用和冷却作用。发电机内正常工作氢压为 0.4MPa，事故状态下可降低氢压运行。轴密封供油系统能自动维持氢油压差 0.084MPa，并为发电机密封瓦提供连续不断的密封油。

（4）某 600MW 发电机密封油系统的参数如下：

1）密封油量：240L/min。

2）蓄油箱容量：$3m^3$。

3）交流泵容量：$15m^3/h$。

4）直流泵容量：$15.8m^3/h$。

5）油泵出口压力：0.25～0.8MPa。

（5）密封油系统的运行。

1）当发电机内充有氢气或主轴正在转动时，必须保持轴密封瓦处的密封油压。

2）当发电机内的氢压变化时，空侧密封；由泵或空侧直流备用泵将保持密封油压于氢压 0.084MPa；汽轮机备用油源将保持密封油压高于氢压 0.056MPa。

3）密封油冷却器出口油温应保持在 27～49℃。

4）发电机充氢后，空侧回油密封箱上的排烟机应连续运行，排出端盖及轴承回油系统中的烟气。

5）发电机能在氢侧密封油泵不供油的紧急情况下继续运行，但发电机的氢气消耗量将有较大的增加。

6）在汽轮机主油箱停止供油前应先置换发电机内的氢气。

1.1.5.3　汽轮发电机的定子冷却水系统

（1）发电机定子冷却水系统的作用。大型汽轮发电机都采用水氢氢冷却方式，即定子绕组为水内冷。发电机定子冷却水系统能够不间断地为定子绕组提供冷却水，能够监视、控制定子绕组冷却水的水温、水压、流量和水质，以保证发电机的安全、稳定、可靠运行。

（2）发电机定子绕组冷却水系统的组成。发电机定子绕组冷却水系统由 1 只水箱、2 台 100％互为备用的冷却水泵、2 只 100％的冷却器、2 只过滤器、1～2 台离子交换树脂混床（除盐混床）、进入定子绕组的冷却水温度调节器以及一些常规阀门和监测仪表等部件组成。图 1 - 13 所示为某 600MW 发电机的定子绕组冷却水系统图。

（3）发电机定子冷却水系统工作原理。发电机定子冷却水系统采用闭式循环方式，使连续的高纯水流通过定子绕组空心导线，带走绕组损耗。进入发电机定子的水是从化学车间直接引来的合格化学除盐水。补入水箱的化学除盐水通过电磁阀、过滤器，最后进入水箱。开机前管道、阀门、集装所有元件和设备要多次冲洗排污，直至水质取样化验合格后方可向发电机定子线圈供给化学除盐水。水箱内的化学除盐水通过耐酸水泵升压后送入管式冷却器、过滤器，然后再进入发电机定子绕组的汇流管，将发电机定子绕组的热量带出来再回到水箱，完成一个闭式循环。为了改善进入发电机定子绕组的水质，将进入发电机总水量的 3％～5％的水不断经过离子交换器进行处理，然后回到水箱。

（4）某 600MW 发电机定子冷却水系统的参数如下：

1）冷却器的最高进水温度：38℃。

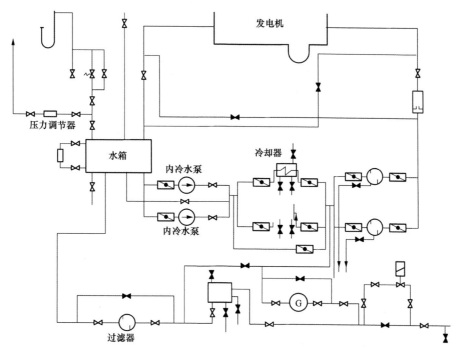

图 1-13　某 600MW 发电机的定子绕组冷却水系统图

2）定子绕组冷却水的进水温度：46～50℃。

3）定子绕组冷却水的出水温度：小于 80℃。

4）水质透明纯净，无机械混杂物，在水温为 25℃时：电导率 0.5～1.5μs/cm（定子绕组独立水系统）；pH 值 7.0～9.0；硬度小于 2μgE/L；含氨量（NH_3）微量。

1.2　同步发电机的励磁系统

1.2.1　发电机励磁系统的组成和作用

1.2.1.1　励磁系统的组成

同步发电机的励磁系统一般由励磁功率单元和励磁调节器两部分组成，如图 1-14 所示。

励磁功率单元由励磁变压器或交、直流励磁机和可控整流器等组成，用于向同步发电机励磁绕组提供励磁电流，建立磁场。励磁调节器由双通道微机组成，根据输入给定值控制励磁功率单元的输出。整个励磁系统是由励磁调节器、励磁功率单元和发电机构成的一个反馈自动控制系统。

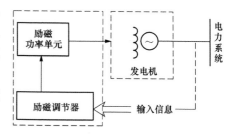

图 1-14　发电机励磁系统的组成框图

1.2.1.2　励磁系统的作用

电力系统在正常运行时，发电机励磁电流的变化主要影响电网的电压水平和并联运行机组间无功功率的分配。因此，发电机励磁系统的主要作用有以下几个方面：

（1）正常运行条件下，向同步发电机提供励磁电流，并根据发电机所带负荷的情况，相应地调整励磁电流，以维持发电机机端电压在给定水平。

（2）使并列运行的各同步发电机所带的无功功率稳定而合理地分配。

（3）增加并入电网运行的同步发电机的阻尼转矩，以提高电力系统动态稳定性及输电线路的有功功率传输能力。

（4）在电力系统发生短路故障造成发电机机端电压严重下降时，实行强行励磁，将励磁电流迅速增到足够的峰值，以提高电力系统的暂态稳定性。

（5）在同步发电机突然解列，甩掉负荷时，实行强行减磁，将励磁电流迅速降到安全数值，以防止发电机电压的过分升高。

（6）在发电机内部发生短路故障时，实行快速灭磁，将励磁电流迅速减到零值，以减小故障损坏程度。

（7）在不同运行工况下，根据要求对发电机实行过励磁限制和欠励磁限制，以确保同步发电机组的安全稳定运行。

1.2.2　发电机的励磁方式

同步发电机的励磁系统种类很多。目前在电力系统中广泛使用的有以下几种类型。

1.2.2.1　直流励磁机系统

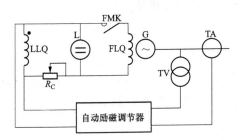

图 1-15　直流励磁机系统原理

用专门的直流发电机向同步发电机转子回路提供励磁电流的系统称为直流励磁机系统。其中的直流发电机被称为直流励磁机。直流励磁机一般与发电机同轴。其原理如图 1-15 所示。

发电机（G）的转子绕组由专门的自励式直流励磁机（L）供电，R_C 为励磁机磁场调节电阻，该励磁系统可以用手动调节 R_C 的大小，改变励磁机的磁场电流，达到人工调节发电机转子电流的目的；也可以由自动励磁调节器改变励磁机磁场电流，达到自动调节发电机转子电流的目的。

1.2.2.2　交流励磁机系统

直流励磁的换向器是影响安全运行的薄弱环节，也是限制励磁机容量的主要因素。因此，自 20 世纪 60～70 年代开始，较大容量的发电机都不再采用直流励磁机而改用交流励磁机。

交流励磁机系统根据励磁机的励磁方式不同，可分为他励和自励交流励磁机系统。

这类励磁系统，按整流是静止或是旋转，以及交流励磁机是磁场旋转或电枢旋转的不同，又可分为下列四种励磁方式：

- 交流励磁机（磁场旋转式）加静止硅整流器。
- 交流励磁机（磁场旋转式）加静止晶闸管可控整流器。
- 交流励磁机（电枢旋转式）加旋转硅整流器。
- 交流励磁机（电枢旋转式）加旋转晶闸管可控整流器。

交流励磁机系统的具体接线还有很多，不可能一一列举，下面给出几种典型的接线方式。

（1）他励交流励磁机系统。他励交流励磁机系统是指交流励磁机备有他励电源—中频副励磁机或永磁副励磁机。在此励磁系统中，交流励磁机经硅整流器供给发电机励磁，期中硅整流器可以是静止的也可以是旋转的。他励交流励磁机系统原理如图1-16所示。

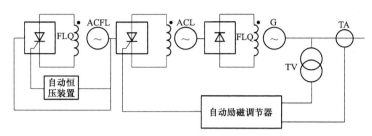

图1-16　他励交流励磁机系统原理

交流主励磁机（ACL）和交流副励磁机（ACFL）都与发电机同轴。副励磁机是自励式的，其磁场绕组由副励磁机机端电压经整流后供电。也有用永磁发电机作副励磁机的。在这个系统中，发电机G的励磁电流由频率为100Hz的交流励磁机AGL经硅整流器供给，交流励磁机的励磁电流由晶闸管可控整流器供给，其电源由副励磁机提供。副励磁机可以是自励式中频交流发电机，也有用永磁发电机的。对于自励交流发电机，用自励恒压调节器保持其端电压恒定。由于副励磁机的启励电压较高，不能像直流励磁机那样能依靠剩磁启励，所以在机组启动时必须外加启励电源，直到副励磁机的输出电压足以使自励恒压调节器正常工作时，启励电源方可退出。在此励磁系统中，励磁调节器控制晶闸管元件的控制角来改变交流励磁机的励磁电流，达到控制发电机励磁的目的。

这种励磁系统的性能和特点如下：

• 交流主励磁机和副励磁机与发电机同轴是独立的励磁电源，不受电网干扰，可靠性高。

• 交流主励磁时间常数较大，为了提高励磁系统快速响应。励磁机转子采用叠片结构，以减小其时间常数和因整流器换相引起的涡流损耗，频率采用100Hz或150Hz。因为100Hz叠片式转子与相同尺寸的50Hz实心转子相比，励磁机时间常数可减小约一半。交流副励磁机频率为400～500Hz。

• 同轴交流主励磁机、副励磁机，增加了发电机主轴的长度，使厂房长度增加，因此造价较高。

• 仍有转动部件需要一定的维护工作量。

• 一旦副励磁机或自励恒压调节器发生故障，均可导致发电机组失磁。采用永磁发电机作为副励磁机，可以简化设备，提高可靠性。

（2）自励交流励磁机系统。自励交流励磁机系统没有副励磁机。交流励磁机的励磁电源是从励磁机的出口直接获得。其原理如图1-17所示。

交流励磁机的输出经过晶闸管整流装置向发电机转子回路提供励磁电流；自动励磁调节

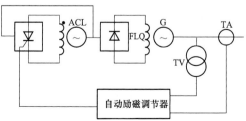

图1-17　自励交流励磁机系统原理

器控制晶闸管的触发角，调整其输出电流。

（3）无刷励磁系统。上述交流励磁机系统中，励磁机的电枢与整流装置都是静止的。虽然由硅整流元件或晶闸管代替了机械式换向器，但是静止的励磁系统需要通过集电环与发电机转子回路相连。集电环是一种转动的接触部件，仍然是励磁系统的薄弱环节。随着大型发电机组的出现，转子电流大大增加，可能产生个别集电环过热和冒火的现象。为了解决大容量机组励磁系统中大电流集电环的制造和维护问题，提高励磁系统的可靠性，出现了一种无刷励磁方式。这种励磁方式使整个系统没有任何转动接触元件。其原理如图1-18所示。

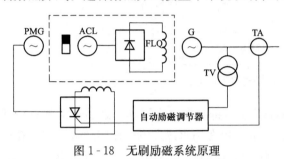

图1-18　无刷励磁系统原理

无刷励磁系统中，主励磁机（ACL）电枢是旋转的，它发出的三相交流电给硅整流器整流后直接送发电机转子回路。由于主励磁机电枢及其硅整流器与发电机转子都在同一根轴上旋转，所以它们之间不需要任何集电环及电刷等转动接触元件。无刷励磁系统中的副励磁机（PMG）是永磁式中频发电机，它与发电机同轴旋转。主励磁机的磁场绕组是静止的，即它是一个磁极静止、电枢旋转的交流发电机。

无刷励磁系统没有集电环与电刷等滑动接触部件，转子电流不再受接触部件技术条件的限制，因此特别适合于大容量发电机组。此种励磁系统的性能和特点为：

• 无电刷和集电环，维护工作量可大为减少。

• 发电机励磁由励磁机独立供电，供电可靠性高。由于无电刷，整个励磁系统可靠性更高。

• 发电机励磁控制是通过调节交流励磁机的励磁实现的，因而励磁系统的响应速度较慢。为提高其响应速度，除前述励磁机转子采用叠片结构外，还采用减小绕组电感取消极面阻尼绕组等措施。另外，在发电机励磁控制策略上还采取相应措施增加励磁机励磁绕组顶值电压，引入转子电压深度负反馈以减小励磁机的等值时间常数。

• 发电机转子及其励磁电路都随轴旋转，因此在转子回路中不能接入灭磁设备，发电机转子回路无法实现直接灭磁，也无法实现对励磁系统的常规检测（如转子电流、电压、转子绝缘、熔断器熔断信号等），必须采用特殊的测试方法。

• 要求旋转硅整流器和快速熔断器等有良好的机械性能，能承受高速旋转的离心力。

• 因为没有接触部件的磨损，所以也就没有炭粉和铜沫引起的对发电机绕组的污染，故发电机的绝缘寿命较长。

总之，无刷励磁系统彻底革除了集电环、电刷等转动接触元件，提高了运行可靠性和减少了机组维护工作量。但旋转半导体无刷励磁方式对硅元件的可靠性要求高，不能采用传统的灭磁装置进行灭磁，转子电流、电压及温度不便直接测量等。这些都是需要研究解决的问题。

1.2.2.3　静止励磁系统

静止励磁系统取消了励磁机，采用变压器作为交流励磁电源，励磁变压器接在发电机出口或厂用母线上。因励磁电源系取自发电机自身或是发电机所在的电力系统，故这种励磁方式称为自励整流器静止励磁系统，也称自励静态励磁系统。与电机式励磁方式相比，在自励系统中，励磁变压器、整流器等都是静止元件，故自励磁系统又称为静止励磁系统。

　　静止励磁系统也有几种不同的励磁方式。如果只用一台励磁变压器并联在机端，则称为自并励方式。如果除了并联的励磁变压器外还有与发电机定子电流回路串联的励磁变压器（或串联变压器），二者结合起来，则构成自复励方式。结合的方案有下列四种：①直流侧并联自复励方式；②直流侧串联自复励方式；③交流侧并联自复励方式；④交流侧串联自复励方式。

　　（1）自并励方式。这是自励系统中接线最简单的励磁方式。自并励励磁系统原理如图 1-19所示。只用一台接在机端的励磁变压器 T 作为励磁电源，通过晶闸管整流装置 KZ 直接控制发电机的励磁。这种励磁方式又称为简单自励系统，目前国内比较普遍地称为自并励方式。

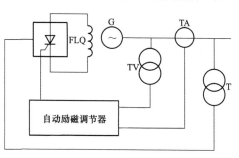

图 1-19　自并励励磁系统原理

　　自并励方式的优点是：设备和接线比较简单；由于无转动部分，具有较高的可靠性；造价低；励磁变压器放置自由，缩短了机组长度；励磁调节速度快。但对这种励磁方式曾有两点顾虑：第一，发电机近端短路时能否满足强励要求，机组是否失磁；静止励磁系统的顶值电压受发电机端和系统侧故障的影响，在发电机近端三相短路而切除时间又较长的情况下，不能及时提供足够的励磁，以致影响电力系统的暂态稳定。第二，由于短路电流的迅速衰减，带时限的继电保护可能会拒绝动作。

　　静态励磁系统特别适宜用于发电机与系统间有升压变压器的单元接线中。

　　由于发电机出线采用封闭母线，机端电压引出线故障的可能性极小，设计时只需考虑在变压器高压侧短路时励磁系统有足够的电压即可。

　　正因为有上述优点，自并励静态励磁方式越来越普遍地得到采用。国外各发电厂已把这种方式列为大型机组的定型励磁方式，我国近年来在大型发电机上也广泛采用自并励方式。

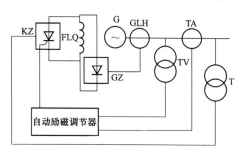

图 1-20　直流侧并联自复励
励磁系统原理

　　（2）直流侧叠加的自复励方式。在自并励的基础上加一台与发电机定子回路串联的励磁变压器，后者另供给一套硅整流装置，二者在直流侧叠加，则构成直流侧叠加的自复励方式。叠加方式分为电流叠加（直流侧并联）和电压叠加（直流侧串联）两种。图 1-20 所示为直流侧并联自复励励磁系统原理。发电机 G 的转子励磁电流由硅整流桥 GZ 与晶闸管可控整流桥 KZ 并联供给。硅整流桥由励磁变流器 GLH 供电，晶闸管整流桥由励磁变压器 T 供电。T 并接于机端，GLH串接于发电机出口侧或中性点侧。发电机空载时由晶闸管整流桥单独供给励磁电流，发电机负载时，由晶闸管整流桥与硅整流桥共同供给励磁电流。其中硅整流桥的输出电流与发电机定子电流成正比，晶闸管桥的输出电压受励磁调节器的控制，起电压校正作用。

1.2.3　发电机静态励磁系统概述

　　图 1-21 所示为某 300MW 发电机组的静态励磁系统原理接线图。发电机的静态励磁系

统主要由励磁变压器 T、晶闸管整流装置 G10、G20、励磁调节器 AVR1、AVR2、灭磁开关 Q02 和灭磁电阻 R_{02}、启励电源、电压、电流互感器和各种变送器等设备组成。

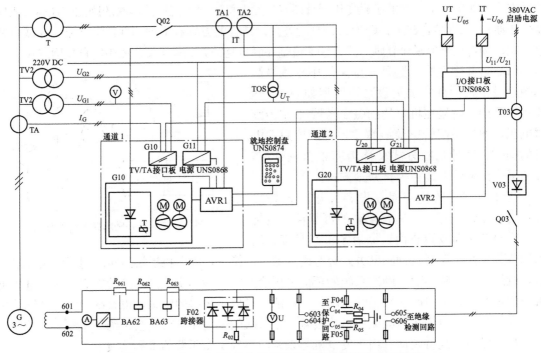

图 1-21　某 300MW 发电机组的静态励磁系统原理接线图

（1）励磁变压器。励磁变压器采用三相油浸、自然风冷式变压器，额定容量为 3000kVA，能满足励磁系统的各种工况需求。励磁变压器的一次侧与发电机母线相连，励磁变压器二次侧输出电压为 650V（空载），励磁变的短路电压为 7.21%，能满足发电机正常励磁电压和强励顶值电压的需要。

（2）晶闸管整流装置。晶闸管整流装置采用三相全控桥式整流电路，将来自励磁变压器的交流电变换成直流电，向发电机励磁绕组提供励磁电流。晶闸管整流装置有强迫风冷和自然冷却两种冷却方式，可实现两台晶闸管整流装置并列运行，或一台晶闸管整流装置运行，另一台自动跟踪运行，一台晶闸管整流装置能满足励磁系统长期连续运行的需要，过负荷能力强，运行可靠。

（3）励磁调节器。发电机励磁调节器 AVR 是以现代控制理论与数字信号处理器 DSP 技术相结合的新型微机励磁调节器，是实现励磁系统各种自动调节功能、控制功能、限励功能和保护功能的核心设备。励磁调节器采集发电机的机端电压和电流，经 A/D 转换器传送给 CPU，CPU 根据现场的操作信号进行逻辑判断，启动有关控制程序，计算出触发角，送至计数器生成延时脉冲，再经放大后触发晶闸管整流装置，完成一次调节控制。励磁调节器的这样任务是维持发电机机端电压恒定。发电机励磁调节器配备大屏幕真彩液晶显示器，具有可靠性高、操作简单、维护方便、使用灵活等特点。

（4）灭磁开关柜。灭磁开关柜 Q02 的作用是在发电机内部发生短路故障时，实行快速灭磁，将励磁电流迅速减到零值，以减小发电机的故障损坏程度。

（5）灭磁电阻柜。灭磁电阻 R_{02} 的作用是当发电机因某种原因突然解列或甩负荷时，发电机的励磁调节器会实行快速灭磁或强行减磁，此时使 ZnO 阀片非线性电阻迅速导通，将磁场能量转移到 ZnO 阀片非线性电阻耗能元件中，防止因励磁电流迅速变化引起发电机励磁绕组过电压。

（6）启励电源。励磁系统的启励电源用于给发电机建立起始电压。当发电机启动时，先投入启励电源给发电机励磁，待机端电压升至 $15\%U_N$ 时，投入静态励磁系统与启励电源并列运行，待机端电压升至 $50\%U_N$ 时，启励电源自动退出。整个启动升压控制过程由励磁调节器 AVR 软件实现。

1.2.4 发电机静态励磁系统的技术参数

某 300MW 发电机组的静态励磁系统技术参数如下：

（1）励磁系统参数：

1）功率（保证 1.1 倍长期运行）：1377kW。

2）电压（保证 1.1 倍额定励磁电压长期运行）：416V。

3）电流（保证 1.1 倍额定励磁电流长期运行）：3310A。

4）强励顶值电压：758V。

5）强励倍数：2。

6）电压响应比：小于 3.5 倍/s。

7）励磁系统电压响应时间：大于 0.1s。

（2）单功率柜输出功率：

1）强迫风冷：2200×758＝1668（kW）。

2）自然风冷：900×758＝682（kW）。

（3）单个整流桥的负荷能力：

1）额定电流（强迫风冷）：2200A 长期运行。

2）额定电流（自然冷却）：900A 运行 2h。

（4）励磁系统的负荷能力：

1）整流桥均运行时的负荷能力：满足各种工况。

2）退出一个整流桥的负荷能力：5940A 长期连续运行，6010A 强励大于 50s。

3）退出两个整流桥的负荷能力：3960A 长期连续运行；6010A 强励大于 50s。

（5）灭磁开关参数：

1）额定电流：4000A。

2）额定电压：800V。

3）最大遮断电流：8000A。

4）最大分断电压：1600V。

（6）灭磁电阻参数：

灭磁电阻阻值：0.3Ω。

（7）励磁变压器参数：

1）型式：三相油浸、自然风冷。

2）冷却方式：自然油循环、自然风冷。

3）额定容量：3000kVA。

4）一次侧电压：20kV。

5）二次侧电压：650V（无负荷）。

6）频率：50Hz。

7）短路电压：7.21%。

8）一、二次电流：86.6/2665A。

9）联结组别：Yd11。

1.2.5　发电机励磁调节器的构成和功能

发电机的励磁调节器是励磁系统的智能部件，励磁调节器依据发电机输出电压和电流的变化，实现正常和事故情况下对发电机励磁的自动调节。

1.2.5.1　励磁调节器的构成

图1-22所示为发电机静态励磁系统的励磁调节器原理框图。

在图1-22中，比较器与基准和电压检测器起测量比较作用，将发电机输出电压的测量值与基准给定值进行比较，获得电压偏差信号。

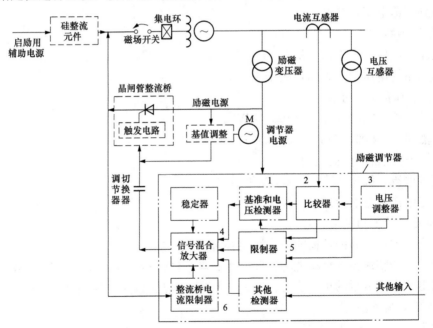

图1-22　发电机静态励磁系统的励磁调节器原理框图

电压调整器用来改变基准给定值。从电流互感器向比较器引入的电流信号起调差作用，以便获得需要的发电机调差特性。

信号混合放大器的作用是将电压偏差信号和其他信号进行综合放大。为了得到调节系统良好的静态和动态性能，信号混合放大器除了从基准和电压检测器来的电压偏差信号外，有时还根据需要综合来自其他装置的信号，如稳定信号、低励限制信号、过励限制信号、整流桥电流限制信号、补偿信号等多种信号，将这些信号进行综合放大后送入晶闸管的移相触发电路，控制晶闸管的触发脉冲，达到控制发电机励磁电流的目的。

　　限制器是由励磁调节器最小励磁电流限制电路和最大励磁电流限制电路构成。最小励磁电流限制电路的作用是防止励磁电流输出降低到最小允许值以下，以免危及发电机并列运行的稳定性。限制器是瞬时动作的，当励磁电流降低到整定值时，限制器动作，把励磁电流限制在允许的最小水平上。当由基本调节电路决定的励磁电流大于整定的最小励磁电流时，限制电路的作用自动终止，恢复基本调节回路的调节作用。

　　最大励磁电流限制电路是延时动作的，它的作用是防止晶闸管整流桥和转子绕组过负荷。在实际励磁电流大于整定最大允许励磁电流时，该回路延时动作，到达整定时限后，把励磁电流降低到允许值以内，也可按超越整定值差值的反时限特性来决定延时时限。这与限制电路和短路故障时的强励相配合，可获得强行励磁持续时间为限制值的强励结果。一般采用机端整流变压器的自励晶闸管励磁方式时必须设置这一限制回路，以防机端电压较高时实际强励顶值超过允许值。

1.2.5.2　励磁调节器的功能

　　（1）利用数字输入命令或模拟输入信号，通过串行通信线路，励磁调节器能控制给定值的增、减或预置，使电压偏移在上、下限之间可调。

　　（2）为了补偿由单元变压器或传输线路上的有功功率或无功功率引起的电压降，励磁调节器能将与静态的有功功率和无功功率成正比的信号叠加到发电机电压给定值。同时，为了保证多台并联运行的发电机组之间的无功功率合理分配，还必须附加调差功能，使发电机电压给定值减去与静态无功功率增加成正比的信号。功率补偿范围和调差范围在 $-20\%\sim20\%$ 可调。

　　（3）为了避免发电机组和励磁变压器的铁心磁通过饱和，在调节器内预置了 U/f 特性曲线，如果发电机电压对某一频率而言太高了，则调节器自动减小给定值，以降低发电机电压，使其符合 U/f 特性曲线。

　　（4）为了在启励时防止机端电压超调。励磁系统接收到开机命令后即开始启励升压，当机端电压大于 10% 额定值后，调节器以一个可调整的速度逐步增加给定值使发电机电压逐渐上升直到额定值。

　　（5）为了保证从自动电压控制模式（AUTO）到磁场电流调节模式（MANUAL）的平稳切换。切换可能是由于故障引起的自动切换（如 TV 断相）或人工切换。励磁调节器能实现两路控制信号之间的自动跟踪控制。

　　（6）励磁调节器能实现在两个独立通道之间的自动跟踪，跟踪信号来源于运行通道控制信号和备用通道控制信号的差值。若两个通道都不能正常工作，励磁系统就会发出跳闸命令。

　　（7）励磁调节器能将过励限制或欠励限制设定为优先权。为了避免两个限制器同时处于激活状态（只有在故障情况下才会出现），可设定一个优先标志，选择一组限制器（过励限制或欠励限制）先起作用。

　　（8）励磁调节器能依据输入的实际值和给定值之差，输出控制电压 U_c 作为门极控制单元的输入信号，调整励磁电流，使机端电压的实际值与给定值相等。

　　（9）励磁调节器的限制器能维护发电机的安全稳定运行，以避免由于继电保护动作而出现的事故停机。

　　（10）励磁调节器具有无功功率控制或功率因数控制功能，可视作励磁调节器的叠加控制。

（11）励磁调节器有电力系统稳定器（PSS）功能。PSS 的目的是通过引入机组的加速功率作为一个附加的反馈信号，以抑制同步发电机的低频振荡，有助于整个电力系统的稳定。

（12）励磁调节器的自适应电力系统稳定器（APSS）可用于替换 PSS。APSS 用于抑制电力系统中长期存在的有功功率低频振荡，提高整个系统的阻尼特性。APSS 具有调整自身参数的功能，采用了电力系统的 3 次幂线性模型算法，在稳压质量和计算时间之间提供了一种折中。

（13）励磁调节器有手动控制功能。手动控制模式主要用于调试，或者是作为在 AVR 故障时（如 TV 故障）的备用控制模式。在手动控制模式下运行时，以同步发电机的磁场电流作为反馈量进行调节。手动控制模式的给定功能与 AVR 控制模式的给定功能相同，可调整最大和最小给定值。在手动模式下运行时，磁场电流的给定值可以通过增、减命令来控制。为了避免在手动模式下突然甩负荷引起的过电压，手动模式具有自动返回空载的功能。在发电机断路器跳闸的情况下，一个脉冲信号传送给调节器，使手动给定值立即恢复到预定值，该预定值一般与同步发电机空载励磁电流的 90%～100% 相对应。

（14）监测和保护功能。励磁调节器能够监测发电机的机端电压和励磁变压器的二次电压，能够监测发电机转子的温度和励磁变压器的温度，能够监测整流桥的电流和温度，能够监测发电机转子绕组的过电压和对地绝缘水平。励磁调节器具有瞬时过电流保护、反时限过电流保护、失磁保护、温度保护、过电压保护、接地保护和熔断器熔断保护等。

1.2.5.3　发电机的励磁调差特性

发电机负载电流中的无功分量在电枢反应中起去磁作用，直接影响到发电机的端电压。

因此，发电机励磁调节器的测量系统仅反映发电机端电压变化是不够的。发电机电压 U 随无功电流 I_W 变化 的特性称为调差特性，也称无功调节特性，即

$$U = f(I_W)$$

当发电机的励磁电流 I_f 一定时，调差特性是一条直线，如图 1-23 所示。

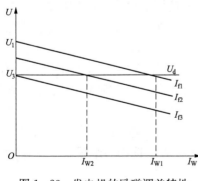

图 1-23　发电机的励磁调差特性

在图 1-23 中，U_d 为电压给定值，当 U_d 一定时，发电机电压 U 基本维持不变，随着励磁电流的增大（由 I_{f2} 增加到 I_{f1}），发电机输出的无功电流 I_W 也随着增大（由 I_{W2} 增加到 I_{W1}）。当励磁电流 I_f 一定时，随着发电机输出无功电流 I_W 的增大，发电机的机端电压会下降。发电机调节特性的倾斜程度反映了发电机励磁控制系统的运行特性，用调差系数 δ_t 来表征，调差系数 δ_t 是发电机自动调节下的空载电压 U_3 与带额定无功功率时电压 U_1 之差再与发电机额定电压之比，即

$$\delta_t = \frac{U_1 - U_3}{U_N} = \Delta U_S \qquad (1-8)$$

式（1-8）表示无功电流从零增加到额定值时，发电机电压的相对变化。调差系数 δ_t 越小无功电流变化时引起的发电机电压变化越小，表征发电机的励磁控制系统维持发电机电压

的能力越强。

1.3 同步发电机的运行特性

发电机带对称负载运行时，主要有负载电流 I、功率因数 $\cos\varphi$、端电压 U 和励磁电流 I_f 等几个互相影响的变量，这些物理量每两个量之间的关系，称为同步发电机的运行特性。

1.3.1 发电机的空载特性

同步发电机的空载特性，是指发电机转速等于额定转速 n_N，定子绕组开路（$I=0$）时空载电动势 E_0 与励磁电流 I_f 的关系特性，即 $E_0=f(I_f)$，如图 1-24 所示。

由图 1-24 可以看出，发电机的空载特性曲线与发电机磁路的磁化曲线相同。空载特性是发电机的基本特性之一，它表征了发电机磁路的饱和情况，利用它可以求得同步发电机的空载励磁电流 I_{f0}，在实际生产中还可利用该曲线判断发电机三相相间电压是否对称，定子绕组是否有匝间短路，励磁回路是否有故障等。例如，当励磁绕组有匝间短路时，在相同的励磁电流下，励磁磁通势减小，空载电动势减小，曲线会下降。

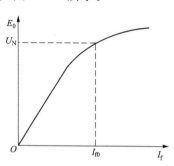

图 1-24 同步发电机的空载特性

发电机的空载特性一般在大修后进行，实际测量时，一般间隔 10% 的额定电压读数记录一次。先做上升特性，即从零升至 110% 的额定电压为止，再做下降特性，并逐步回到零。

1.3.2 发电机的短路特性

短路特性是指发电机在额定转速下，定子三相绕组短路时，定子稳态短路电流 I 与励磁电流 I_f 的关系曲线，即 $I=f(I_f)$，如图 1-25 所示。

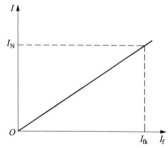

图 1-25 同步发电机短路特性曲线

在做短路特性试验时，要先将发电机三相绕组的出线端短路。然后，维持转速不变，增加励磁，读取励磁电流及相应的定子电流值，直到定子电流 I 达额定电流值时为止，在试验过程中，调整励磁电流时也不要往返调整。

短路试验测得的短路特性曲线，不但可以用来求取同步发电机的不饱和同步电抗和短路比，而且也常用它来判断励磁绕组有无匝间短路等故障。显然，励磁绕组存在匝间短路时，因安匝数的减少，短路特性曲线会降低。

1.3.3 发电机的零功率因数特性

零功率因数特性是当转速、定子电流为额定值，功率因数 $\cos\varphi=0$ 时，发电机电压与励磁电流之间的关系曲线，即 $U=f(I_f)$，图 1-26 所示为零功率因数特性曲线。

用零功率因数特性曲线、空载特性曲线、短路特性，可以测定发电机的基本参数，是发电机设计、制造的主要技术依据。

1.3.4　发电机的外特性

同步发电机的外特性，是指发电机在额定转速下，保持励磁电流和功率因数不变时，端电压 U 与负载电流 I 之间的关系曲线。图 1-27 所示为发电机带不同功率因数负载时的外特性曲线。

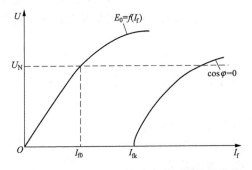

图 1-26　同步发电机的零功率因数特性曲线

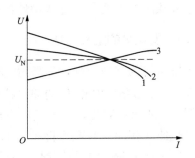

图 1-27　同步发电机的外特性曲线
1—感性负载；2—电阻性负载；3—容性负载

曲线 1 为感性负载时的外特性曲线，它是随 I 增大而下降的曲线，这是因为，当感性负载电流增加时，由于电枢磁场对转子磁场呈去磁作用，同时漏抗压降随之增大，所以端电压随之下降。

曲线 2 是纯电阻负载时的外特性曲线，这是一条略有下降的曲线，这是因为，当 $\cos\varphi=1$ 时，负载电流 $\dot{I}$ 仍滞后于 $\dot{E}$，其电枢磁场也有去磁作用，但去磁程度较小。

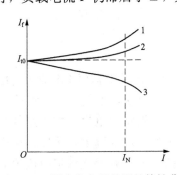

图 1-28　同步发电机的调整特性曲线
1—感性负载；2—电阻性负载；3—容性负载

曲线 3 是容性负载时的外特性曲线，它是随 I 增大而上升的曲线，这是因为，容性负载电流增加时，电枢磁场对转子磁场呈助磁作用，电枢磁场的助磁作用随电流增加而增强，感应电动势增大，所以端电压随之上升。

1.3.5　发电机的调整特性

调整特性是指同步发电机在额定转速下，端电压和负载功率因数不变时，励磁电流与负载电流的关系曲线，图 1-28 所示为同步发电机在不同功率因数时的调整特性曲线。

中曲线 1 和曲线 2 分别是感性负载和电阻性负载时的调整特性。由此可见，为保持发电机端电压不变，随着负载电流的增加，必须相应地增大励磁电流，以补偿负载电流所产生的电枢磁场的去磁作用。因此这两种情况下的调整特性曲线都是上升的。而容性负载时，为了抵消电枢磁场的助磁作用，保证电压不变，随负载的增加，需要相应的减小励磁电流，因此这种情况下的调整特性是下降的，如曲线 3 所示。

1.3.6　发电机的功角特性

功角特性是指同步发电机接在电网上稳态运行时，发电机的电磁功率与功角 δ 之间的关系特性。所谓功角是指发电机的空载电动势 $\dot{E}_0$ 和端电压 $\dot{U}$ 之间的相位角。由发电机的相量图可得

$$P_G = 3UI\cos\varphi = 3\frac{E_0 U}{X_d}\sin\delta \qquad (1-9)$$

式中　P_G——发电机输出的电磁功率；

$\quad\quad U$——发电机的相电压；

$\quad\quad I$——发电机的相电流；

$\quad\quad E_0$——发电机的空载电动势；

$\quad\quad X_d$——发电机输出的同步电抗；

$\quad\quad \varphi$——功率因数角；

$\quad\quad \delta$——功角。

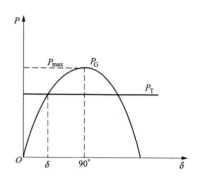

图 1-29　同步发电机的功角特性曲线

式（1-9）表明，在发电机的端电压及励磁电流不变时，电磁功率 P_G 的大小决定于功角 δ 的大小，所以称 δ 为功角。电磁功率随着功角的变化曲线，称为功角特性曲线，如图 1-29 所示。

从功角特性曲线可知，发电机输出电磁功率 P_G 的大小由原动机的输出功率 P_T 决定，随着 P_T 的增大，功角 δ 也随着增大，同步发电机的电磁功率 P_G 与功角 δ 成正弦函数关系。当功角 $\delta < 90°$ 时，电磁功率 P_G 随着功角 δ 的增加而增加；当 $\delta = 90°$ 时，电磁功率达到最大值，即

$$P_{max} = 3\frac{E_0 U}{X_d} \qquad (1-10)$$

当功角 $\delta > 90°$ 时，电磁功率随功角的增加而减小；当 $P_G > 180°$ 时，电磁功率由正变负，说明发电机不再向电网输送有功功率，而从电网吸收有功功率，即发电机从发电运行状态变成电动机或调相机运行状态。

功角 δ 是同步发电机运行的一个重要变量。它不仅决定了发电机输出功率的大小，而且能表明发电机的运行状态。

1.4　发电机的启、停操作和运行监视

1.4.1　启动前的准备

（1）电气检修工作结束后，拆除有关短接线、接地线及其他安全措施。

（2）检查有关一、二次设备回路符合启动要求，场地清洁。

（3）检查发电机、主变压器、高压厂用变压器、封闭母线及励磁系统的一、二次回路无异常。

（4）测量发电机、励磁系统及各种辅助机电设备绝缘良好，符合要求。

（5）检查主变压器、高压厂用变压器的冷却系统正常，各散热器、冷油器进出油门全开。

（6）将发电机置换为氢气运行，冷却水系统、密封油系统及氢气系统投入正常运行。氢质、油质、水质合格。

1.4.2　启动

水氢氢发电机只有处于氢气冷却时，才允许投入运行，因此在转子尚处于静止和盘车状态时就应该充氢气。充氢气时应保持轴密封的密封油压力，以免氢气泄漏。

充氢后，当发电机内的氢纯度、定子内冷却水水质、水温、压力、密封油压等均符合规程规定，气体冷却器通水正常，高压顶轴油压大于规定值时，即可启动转子。在转速超过200r/min 时停止顶轴。应注意，发电机开始转动后，即应认为发电机及其全部电气设备均已带电。发电机启动过程是随着原动机同时进行的，发电机检查项目应与原动机的检查项目同时进行，在每一个预定目标转速下，检查下列项目。

冲转前，检查发电机自动准同期并列装置具备并列条件。

发电机密封油系统、定子冷却水系统和氢气冷却系统运行正常。

轴承振动及回油温度正常。

发电机各部温度指示正常，表计指示正常。

磁场开关和自动励磁调节器按制造厂要求，在规定转速下投入运行。

1.4.3　升压

当汽轮发电机升速至规定转速且定子绕组业已通水的情况下，就可以加励磁升高发电机定子绕组电压，简称升压。发电机电压的升高速度一般不作规定，可以立即升至规定值，但在接近额定值时，调整不可过急，以免超过额定值。升压时还应注意下列事项：

（1）三相定子电流表的指示均应等于或接近于零，如果发现定子电流有指示，说明定子绕组上有短路（如临时接地线未拆除等），这时应减励磁至零，拉开灭磁开关进行检查。

（2）三相电压应平衡，同时也以此检查一次回路和电压互感器回路有无开路。

（3）当发电机定子电压达到额定值，转子电流达到空载值时，核对这个指示位置以检查转子绕组是否有匝间短路，因为有匝间短路时，要达到定子额定电压，转子的励磁电流必须增大，这时该指示位置就会超过上次升压的标记位置。

（4）在定子电压升压过程正常，且三相电压平衡、三相电流为零的基础上，将发电机定子电压缓慢升至额定值。

1.4.4　并列

当发电机电压升到额定值后，可准备对电网并列，并列是一项非常重要的操作，必须小心谨慎，操作不当将产生很大的冲击电流，严重时会使发电机遭到损坏。发电机的同期并列方法有两种，即准同期并列与自同期并列，汽轮发电机都采用准同期并列。

发电机准同期并列应满足下列4个条件：

（1）待并发电机的电压与系统电压相等。

（2）待并发电机的频率与系统频率相等。

（3）待并发电机的电压相位角与系统的电压相位角一致。

（4）待并发电机的电压相序与系统电压相序相一致。

并列操作可以手动进行，称为手动准同期；也可以自动进行，称为自动准同期。

发电机手动准同期操作是否顺利，与运行人员的经验有很大关系，经验不足者往往不易掌握好合闸时机，从而发生非同期并列事故。因此，现在广泛采用自动准同期装置进行自动准同期并列。

自动准同期并列装置一方面根据系统的频率，检查待并发电机的转速，并发出调速脉冲去调节待并发电机的转速，使其高出系统一个预整定数值。另一方面根据发电机的电压与系统电压的差值，检查待并发电机的电压，并发出调压脉冲去调节待并发电机的电压，使待并发电机的电压与系统的电压差在±10%以内，然后自动准同期合闸回路开始工作，当待并发电机以微小的转速差向同期点接近时，它就提前按一个预先整定好的时间发出合闸脉冲，合上主断路器，实现发电机与系统的并列。

1.4.5　负荷接带

发电机并入电网后，即可按规程规定接带负荷，其有功负荷的增加速度决定于汽轮机。一般由汽轮机值班员进行加负荷与调整负荷的操作。

有功负荷的调整是通过汽轮机的同步器电动机进行的，即调整汽轮机的进汽量，该操作可由汽轮机值班员或由自动调频装置协调控制。有功负荷的增加速度通常由汽轮机和锅炉的工作条件决定，但无论是带初负荷或正常运行，增加负荷的速度都不能过快。

（1）发电机带初负荷。

1）机组并网后，应立即带5%负荷。

2）确认主变压器工作冷却器运行正常。

3）根据需要增加发电机的无功功率。

4）全面检查发电机定子铁心、绕组温度、绕组各支路出水温度正常。

（2）发电机升负荷。

1）发电机并入电网以后，发电机的出力总是处于出力曲线的限值之内。

2）发电机同类水支路定子线棒温度与其平均温度的偏差不得超过4℃，A、B类支路出水温度对其平均温度的偏差不超过3℃，A类水支路与B类水支路出水温度的偏差不大于6℃。

3）增加负荷时应监视发电机冷氢温度、铁心温度、绕组温度、出口风温以及励磁装置的工作情况。

4）发电机带初负荷后，稳定汽轮机的进汽参数在冲转时的参数，保持初负荷暖机30min以上。如果汽轮机的进汽参数发生变化，应根据启动曲线增加初负荷暖机时间。

加负荷过程中上升速度应均匀，增加至额定值的时间应不小于1h，在增加发电机有功负荷的同时，要相应地增大其无功负荷，以保持一定的功率因数。在加负荷过程中，应特别注意水量、水压和水温的变化，并加强监视定子绕组测温元件温度变化和定子端部有无渗、漏水现象。

1.4.6　运行监视

对运行中的发电机应监视其运行情况，并对其各部分进行系统的检查，以便及时发现不正常现象，及早消除。发电机配电盘上所有仪表应每隔 1h 记录一次，在最大负荷时间内，每隔半小时记录一次功率和电流值。

发电机定子绕组、定子铁心和进出风的温度，必需每小时检查一次，每 2h 记录一次。如装有自动记录仪表，其抄表时间可延长。监视定子及励磁回路绝缘的电压表，每班测量一次。对全部自动化的机组，仪表读数的抄录应在定期巡查时进行。

发电机的正常检查项目应包括以下内容：

（1）对发电机及励磁系统的检查。电刷应完整，不卡塞，不剧烈振动，不过短，无火花，刷架清洁无灰尘，电刷及连线完好，无过热现象。

（2）发电机无异音、无振动、无串轴等现象，并应注意有无焦味。

（3）从窥视孔观察有无异状，端部绕组应无火花，端盖温度应正常。

（4）灭火装置应有正常水压。

（5）励磁开关室内设备正常、清洁，触点严密无过热。

（6）检查发电机空气冷却室的门应关闭严密，冷却阀门应开度正常，如发现冷却风温度不正常时，可通知汽轮机副司机调节。

（7）检查发电机各部温度不应超过规定值。

发电机在运行中除进行上述检查外，对励磁回路的绝缘电阻应进行监视，规定每班要测量一次，测量结果不应低于 0.5MΩ。

1.4.7　解列与停机

在接到电网调度员解列命令后，操作人员应按照命令填写操作票，经审核批准后执行。发电机出线上带有厂用电，应将厂用电切换后，拉开供厂用电的开关，随后将本机组的有功及无功负荷转移到其他发电机上。对于正常停机，应在机组有功负荷降到某一数值后，停用自动调节励磁装置，然后将有功和无功降到零时，才能进行解列。在减有功负荷的同时，注意相应减少无功负荷，保持功率因数约为 0.9。

1.4.7.1　发电机解列时的注意事项

（1）当停用自动调节励磁装置后，由于发电机无自动电压调节功能，应注意降低无功负荷至最低极限，并在主断路器跳闸后及时调整发电机电压在额定值以下，以防止发电机过电压。

（2）待发电机解列后，将发电机励磁调节器输出降至最小。

1.4.7.2　发电机解列后的操作

（1）发电机解列后需长期停运，应对发电机做如下工作：

• 拉开发电机自动电压调节器交流侧断路器和发电机 50Hz 感应调压器交流开关。

• 停用发电机封闭母线风扇，保持封闭母线微正压装置运行。

• 停运主变压器冷却装置。

（2）发电机停机后的 3 种状态：

• 热备用状态。发电机出口断路器、励磁开关在断开位置，高压厂用变压器低压分支开关在断开位置，其余与运行状态相同。

• 备用状态。发电机出口断路器及其出口隔离开关、励磁开关在断开位置，高压厂用变压器低压分支开关在隔离位置，其余与运行状态相同。

• 检修状态。发电机出口断路器及其出口隔离开关、励磁开关、高压厂用变压器低压分支开关在隔离位置，取下发电机出口及厂用分支电压互感器一、二次熔断器。断开发电机中性点接地变压器隔离开关，在发电机各电源侧挂接地线。

1.4.7.3 发电机停机期间的维护

(1) 备用中的发电机及其全部附属设备应同运行中的发电机一样进行监视和维护，使其处于完好状态，以便随时启动。

(2) 停机备用的发电机密封油排烟风机和润滑油主油箱的排烟风机应维持运行，以抽去可能逸入油系统的氢气。

(3) 发电机第一次停机以及每当外部温度变化在 8℃ 以上时，应维持机内氢气相对湿度在 50% 以下，可以采用排氢补氢的方法降低机内氢气的湿度。

(4) 停机期间密封油冷却器密封油温度保持在 40~49℃。

(5) 氢气的纯度不低于 90% 。

(6) 离子交换器出水电导率应维持在 0.1~0.4μS/cm。

(7) 发电机长期处于备用状态时，应采取适当的措施防止绕组受潮，并保持绕组温度在 5℃ 以上；可采用内冷水热水循环的方法保温，内冷水水温以 20~40℃ 为宜；冬季停机后，应使发电机各部温度维持在 5℃ 以上，防止冻坏发电机设备。停机期间，厂房室温应保持在 4℃ 以上，若低于 4℃，应采取防止定子绕组内的冷却水和氢气冷却器内的冷却水冻结的措施。

(8) 停机期间发电机内充满空气时，需注意防止结露。

(9) 取下充氢管道联管并加堵板，将供氢管道进行隔离，防止氢气进入发电机。

(10) 发电机运行两个月以上如遇停机，应对发电机定子水回路进行反冲洗，以确保水回路畅通。

(11) 对停用时间较长的发电机，定子绕组和定子端部冷却元件中的水应放净吹干，吹干时应使用仪用气。

1.5 同步发电机的正常运行与调整

1.5.1 发电机的安全运行极限

在稳定运行条件下，发电机的安全运行极限决定于下列 4 个条件：

(1) 原动机输出功率极限，即原动机的额定功率一般要稍大于或等于发电机的额定功率，为了保证运行安全，发电机的输出功率不能大于原动机的功率，这就是防止原动机过载的安全极限。

(2) 发电机的额定兆伏安数，即由定子绕组和定子铁心发热决定的安全运行极限，在一定电压下，决定于定子电流的允许值。

(3) 发电机的磁场和励磁绕组的最大励磁电流，通常由转子发热决定。

(4) 进相运行时的稳定度，当发电机功率因数角 φ 小于零而转入进相运行时，E_0 和 U 间的夹角 δ 不断增大，此时，发电机有功功率输出受到静态稳定条件的限制。

在电力系统中运行的发电机，必须根据系统情况，调节有功功率和无功功率的输出。在一定的电压和电流下，当功率因数下降时，发电机有功功率输出减小，无功功率增大，而功率因数上升时则相反。所以运行人员必须掌握功率因数变化时，发电机的允许运行范围。发电机的 P—Q 曲线，就是表示其在各种功率因数下，允许的有功功率输出 P 和允许的无功功率输出 Q 的关系曲线，又称为发电机的安全运行极限。

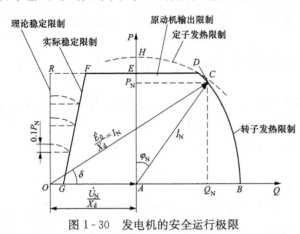

图 1-30　发电机的安全运行极限

发电机的 P—Q 曲线可根据其相量图绘制，如图 1-30 所示。

假定同步电抗为常数（即忽略饱和的影响），将电压相量图中各相量除以 X_d，即得到电流相量三角形为 OAC，其中 $\overline{OA}$ 代表 $\dot{U}_N/X_d$，即近似等于发电机的短路比 K_c，它正比于空载励磁电流 I_{fo}；$\overline{AC}$ 代表 $\dot{I}_N X_d/X_d = I_N$，即定子额定电流；$\overline{OC} = \dot{E}_0/X_d$ 代表在额定情况下定子的稳态短路电流，它正比于转子额定电流 I_{fN}，经 A 点作一条垂直于横坐标的线 $\overline{AE}$，表示发电机端电压的方向，电流 I_N 和线段 AE 间的夹角就是功率因数角 φ。电流垂直分量表示电流的有功分量，水平分量表示电流的无功分量。如以恒定电压 U 乘以电流的各分量，所得的值分别表示有功功率 P 和无功功率 Q。根据相量图，选取适当比例，不仅可得到定子电流和转子电流的相应关系，还可通过 $\overline{AC}$ 在以 A 点为原点的坐标轴上的投影来求得 P 和 Q，并通过直线的位置来代表 $\cos\varphi$ 的大小。上述图形还可用来表示功率因数 $\cos\varphi$ 变化时发电机出力的影响和限制。

当冷却介质温度一定时，定子和转子绕组的允许电流也一定，即图 1-30 中 $\overline{AC}$ 和 $\overline{OC}$ 为定值，与以 A 为圆心、$\overline{AC}$ 长度为半径和以 O 为圆心、$\overline{OC}$ 长度为半径分别画圆弧。根据上述安全运行极限的条件，在两个圆弧范围以内才允许运行。由图 1-30 可见，在两个圆弧交点运行时，定子和转子电流同时达到允许值。$\cos\varphi$ 值降低（φ 角增大）时，由于转子电流的限制，相量端点只能在 $\overline{CB}$ 弧线上移动，此时定子电流未得到充分利用，$\cos\varphi$ 值增大（φ 角减小）时，由于定子允许电流的限制，相量端点只能在 $\overline{CD}$ 弧上移动，此时转子电流未得到充分利用；过 D 点后，$\cos\varphi$ 继续增大，由于原动机额定出力的限制，运行范围不能超过 $\overline{RD}$ 直线（图 1-30 中 $\overline{AE}$ 长度代表原动机的额定输出功率）。当功率因数角 $\varphi < 0$ 时，发电机转入进相运行，$\dot{E}_0$ 和 U 之间的夹角 δ 不断增大，此时，发电机有功功率的输出受到静态稳定的限制，垂直线 $\overline{OR}$ 是理论上静态稳定运行边界，此时 $\delta = 90°$。因为发电机有突然过负荷的可能性，必须留有余量。以便在不改变励磁的情况下，能承受突然性的过负荷。在图 1-30 中，GF 曲线是考虑了能承受 $0.1P_N$ 过负荷能力的实际静态稳定极限。GF 曲线的作图法如下：在理论稳定边界上先取一些点，以 O 点为圆心画弧，然后找出实际功率比理论功率低 $0.1P_N$ 的一些新点，连接这些新点就构成了 GF 曲线。根据上述安全运行的 4 个允许条件，将 B、C、D、E、F、G 点连成曲线，就构成发电机的安全运行极限。

1.5.2　发电机的允许运行方式

（1）允许各部位的温度值。

1）水氢氢冷汽轮发电机正常运行中，氢气冷却器入口水温不高于 35℃。

2）发电机入口冷氢温不高于 46℃。

3）定子绕组冷却器入口水温在 35～46℃，出水温度不高于 85℃。

4）转子绕组允许的极限温度为 110℃（实际温度在夏季带满负荷不高于 95℃）。

5）定子各线槽中热电阻所测得的允许极限温度为 120℃（实际不高于 70℃）。

6）滑环允许极限温度为 120℃（实际不高于 80℃）。

（2）允许电压的变动范围。在发电机各部分温度没有超过限额的情况下，定子电压在额定值的 ±5％ 范围内变化时，其额定容量不变，但当发电机定子电压低于额定电压 95％ 运行时，其定子最大电流不允许低于额定定子电流的 105％。发电机定子电压最高不得大于额定电压的 110％，最低值应根定运行的要求来确定，一般不应低于额定值的 90％。

（3）允许频率的变动范围。发电机正常运行时频率应保持在 50Hz，其变动范围为 49.5～50.5Hz。

在发电机各部分温度未超过限额和转子电流不超过限额的情况下，发电机频率变动时，额定容量不变。

（4）允许电压和频率的运行范围。发电机的电压、频率允许运行范围如图 1-31 所示，同时规定：

1）在图中范围 Ⅱ 内，发电机允许连续输出额定功率。

2）在范围 Ⅰ、Ⅱ 内，也允许发电机输出额定功率，但每年不超过 10 次，每次不超过 8h。

由图 1-31 及所附规定可看出，所划定的偏差范围是发电机电压运行范围在 95％～105％ 额定值；频率偏差在 98％～102％ 额定值，最大不超过 95％～103％ 额定值。同时，图 1-31 中的直线段 α，实际上是限定了电压与频率的比值。

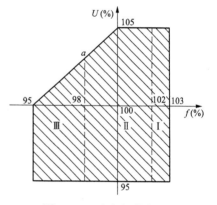

图 1-31　发电机的电压、
频率允许运行范围

发电机和与之相连的主变压器，在正常运行过程中，为了充分利用材料，提高经济性，其运行点往往接近于该设备铁心的饱和点，因此在空载、甩负荷、机组启动期间，由于电压升高或频率降低，可能造成发电机与主变压器的铁心饱和，使空载励磁电流加大，铁心的损耗大大增加，从而造成了设备铁心的过热，危及设备的安全运行。因此，运行人员应作好对电压、频率运行范围及比值的监视，保证有关参数在规定范围内运行，确保设备运行正常。

（5）允许功率因数的变动范围。发电机的功率因数与电网的运行稳定性有关，一般不应超过迟相 0.95 运行。在自动励磁调节装置投入运行的情况下，功率因数在 0.85～1，均可长时间带额定有功负荷运行。虽然一般汽轮发电机都允许在 $\cos\delta=0.95$（超前、进相）情况下运行，但进相运行时有两个问题特别要注意：

1）可导致发电机定子端部构件发热。

2）可能导致电力系统运行稳定性降低。

（6）对绝缘电阻的规定。发电机经电气检修后及每次启动前、停机后，应立即用绝缘电阻表测量定子、转子、励磁变压器的绝缘电阻。

1）对定子及一次回路，应将集水环到外接水管法兰的跨接线拆开，并将两端集水环连接起来接到 1000V 绝缘电阻表的屏蔽端（定子应通有合格的冷却水），然后测量。测得的电阻值不作规定，但应与历次测得的绝缘电阻进行比较，如较前次降低 2/3 以上，应查明原因并消除。如不能用此法测量，可用万用表测量，绝缘电阻值不应小于 5kΩ，应确认无金属性接地。当分析确定发电机受潮时，则应进行烘燥。

2）对转子及其回路绝缘电阻用万用表测量，所测绝缘电阻值应与历次测得的结果进行比较，绝缘电阻值不应小于 2kΩ，应确认无金属性接地。若绝缘电阻值低于 2kΩ 以下，应进行必要的检查，查明原因方可启动。

3）对励磁回路和励磁变压器，用 1000V 绝缘电阻表测量，其绝缘电阻值不应小于 0.5kΩ。

1.5.3　发电机的有功调整

增加发电机有功负荷，通常用加大汽轮机进汽门（或水轮机导水翼）的开度，使原动机转矩增大，转子加速，功角 δ 因而增大。当原动机转矩与发电机转矩相互平衡时，δ 角才能稳定；反之，当有功负荷减小时，δ 角也相应减小。

假定发电机的电动势 E_0 是常数，有功负荷变化时，其轨迹是一个以 O 为圆心，为 E_0 为半径的圆弧，如图 1-32（a）所示。从图 1-32（a）上可以看到，设 A_1 点为 $P=P_1$ 的运行点，电压相量三角形为 OCA_1，$OA_1=E_0$，电压降 $\mathrm{j}\dot{I}_1x_\mathrm{d}$ 在纵轴的投影 A_1B_2 正比于 P_1，横轴上的投影 CB_1 正比于无功功率 Q_1。当有功负荷从 P_1 增至 P_2 时，E_0 的端点由 A_1 移至 A_2，功角由 δ_1 增至 δ_2，无功功率由 CB_1 减至 CB_2，相位角由 φ_1 减小至 φ_2。利用相量图或有关公式可以看到，在 $E_0=$ 常数时，有功负荷 P、无功负荷 Q、定子电流 I、功率因数 $\cos\varphi$ 与功角 δ 的关系曲线如图 1-32（b）所示。从图 1-32（b）上可以看到，在功角 δ 小于最大值 $\delta_{\max}$ 时，有功功率 P 和定子电流 I 都随功角的增加而增加，无功功率 Q 则减小，功率因数 $\cos\varphi$ 最初增加，以后又减少。

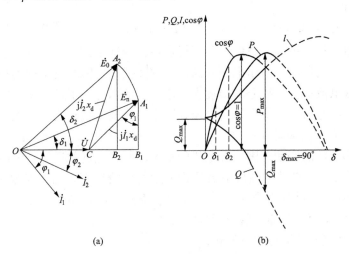

(a)　　　　　　　　　　　(b)

图 1-32　E_0 为常数，P 为变数时同步发电机的工作状态

(a) 相量图；(b) P、Q、I、$\cos\varphi$ 变化曲线

值得指出的是：当 P 增加时，只有当 $\mathrm{d}P/\mathrm{d}\delta>0$ 时，发电机才具有稳定的工作点。如果在 $\delta>\delta_{max}$ 情况下运行，有功负荷增加，δ 增加，由于 $\mathrm{d}P/\mathrm{d}\delta<0$，电磁转矩下降，使 δ 角继续增加，最后导致发电机失步。当 $E_0=$ 常数时，对应于 δ_{max} 的有功功率最大值 P_{max}，通常称为静态稳定极限。当有功负荷 P 比 P_{max} 显得越小时，静态稳定储备越大。因 P_{max} 和 E_0 成正比，所以在增加有功负荷时，相应地也要增加励磁电流，即增加 P_{max}，以保持一定的静态稳定储备。

此外，当功率因数 $\cos\varphi=1$，即 $\varphi=0$ 时，发电机的无功负荷 $Q=0$，从图 1 - 32（a）向量图中可以看出，电压三角形 OCA 是直角三角形，此时

$$\cos\delta=\frac{U}{E_0} \tag{1-11}$$

从图 1 - 32（b）也可以看到：当 $\cos\delta>U/E_0$ 时，δ 角显得比较小，发电机向系统输送无功功率；当 $\cos\delta>U/E_0$ 时，δ 角显得比较大，发电机从系统吸收无功功率。所以在一定的 E_0 值增加有功负荷，δ 角也增加，发电机很可能从发出无功功率的运行方式变成吸收大量无功功率。所以在增加有功负荷时，必须相应地增加励磁电流。

1.5.4 发电机的励磁电流调整

当发电机的励磁电流降低时，电磁转矩随之下降，由于原动机转矩未变，所以发电机加速，如图 1 - 33（a）所示。此时，功角 δ 由 δ_1 增至 δ_2，OA_1 相量转至 OA_2 位置。由于 P 为常数，所以相量图中 $A_1B_1=A_2B_2$。E_0 端点 A 的轨迹是一条与电压相量相互平行的直线。从 1 - 33（a）相量图很容易求出无功功率 Q、定子电流 I、功率因数 $\cos\varphi$，功角 δ 和励磁电流 I_f 的关系曲线，如图 1 - 33（b）所示。

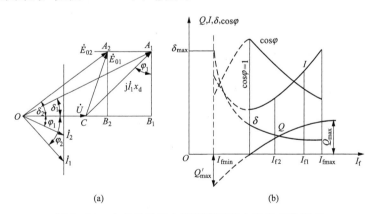

图 1 - 33 在各种励磁电流情况下发电机的工作状态
(a) 相量图；(b) Q、I、δ、$\cos\varphi$ 变化曲线

由式（1 - 11）可知，当 $I_f=E_0=U/\cos\delta$ 时（用标幺值表示），$Q=0$。当 $I_f=E_0>U/\cos\delta$ 时，发电机处于过励磁运行状态，向系统输出无功功率，此时，功角 δ 值显得相当小。若励磁电流越大，向系统输送的无功 Q 和定子电流 I 也越大，$\cos\delta$ 则越小，此时最大励磁维持电流不应超过转子的额定电流。当 $I_f=E_0<U/\cos\delta$ 时，发电机处于欠励磁运行状态，从系统吸收无功功率，励磁电流 I_f 越小，从系统吸收的无功功率 Q 越多，定子电流 I 和功角 δ 也越大，$\cos\delta$ 则越小。最小励磁电流 I_{fmin} 由 $\delta=\delta_{max}\approx90°$ 决定，它等于（用标幺值表

示）

$$I_{fmin} = \frac{PX_d}{U} \tag{1-12}$$

由式（1-12）可知，有功负荷越小，发电机从系统吸收最大无功功率时所需的励磁电流也越小。没有有功负荷时，励磁极限最小电流等于零。发电机在进相运行时，励磁电流应大于最小励磁电流 I_{fmin}。

1.6　同步发电机的进相运行

1.6.1　发电机进相运行的目的

随着电力系统的扩大，电压等级的提高，输电线路的加长，线路上的电容电流也越来越大。在轻负荷时，可能会出现由充电电流引起的运行电压升高甚至超过上限的情况，这不但破坏了电能质量，影响电网的经济运行，也威胁电气设备特别是磁通密度较高的大型变压器的运行及用电安全。因此，适时将发电机进相运行，既能抑制和改善电网运行电压过高的状况，也能获得显著的经济效益。

在电能质量指标中，电网的频率受有功功率平衡的影响，而电压主要受无功功率平衡的影响，随着电力负荷的波动及电网接线和运行方式的改变，电网的频率和各点的电压也是经常变化的。因此，调整电网有功功率和无功功率的平衡，以保证电网频率和各点电压合格，是电力系统运行的重要任务。在节假日、午夜等低负荷的情况下，利用发电机进相运行，吸收系统过剩的无功功率，是满足电力生产需要而采用的切实可行的运行技术，是扩大发电机运行范围、增加电网调压能力、改善电网电压现状的有效措施，也是改善电能质量经济实用的措施。该方法操作简便，在发电机进相功率限额范围内运行可靠，其平滑无级调节电压的特点，更显示了它调节电压的灵活性。

1.6.2　发电机进相运行时的相量图

发电机通常的运行工况是迟相运行，此时定子电流滞后于端电压，发电机处于过励磁运行状态。进相运行是相对于发电机迟相运行而言的，此时定子电流超前于端电压，发电机处于欠励磁运行状态。发电机直接与无限大容量电网并联运行时，保持其有功功率恒定，调节励磁电流可以实现这两种运行状态的相互转换。图 1-34 分别为同步发电机迟相和进相运行时的相量图。

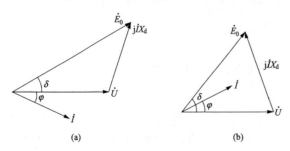

图 1-34　同步发电机迟相和进相运行时的相量图
(a) 迟相时；(b) 进相时

实际上，并入电网的发电机是通过变压器、线路与电网相连的。计及发电机与电网的联系电抗 $X_{\Sigma s}$ 时，发电机进相运行的相量关系如图 1-35 所示。此时发电机的功角为 δ，发电机电动势与电网电压相量之间的夹角为 δ。

发电机迟相运行时，供给系统有功功率和功率，其有功功率表和无功功率表的指示值均为正值；而进相运行时供给系统有功率和容性无功功率，其有功功率表指示正值，而无功功率表则指示负值，故可以说此时从系统吸收感性无功功率。发电机进相运行时各电磁参数仍然是对称的，并且发电机仍然保持同步转速，因而是属于发电机正常运行方式中功率因数变动时的一种运行工况，只是拓宽了发电机正常的运行范围。同样，在允许的进相运范围内，只要电网需要是可以长时间运行的。

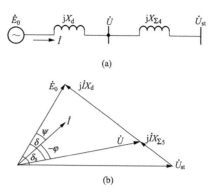

图 1-35   计及 $X_{\Sigma s}$ 时发电机进相运行向量图
(a) 等值电路；(b) 向量图

1.6.3   发电机进相运行的特点

发电机进相稳定运行是电网需要时采用的运行技术，其运行能力主要是由发电机本体条件决定的。GB/T 7064—2002《透平型同步电机技术要求》中规定："发电机带额定负荷进相运行范围，按功率因数 $\cos\varphi$ 超前为 0.95 设计，现场运行时再通过试验确定。进相运行的能力决定于发电机端部结构件的发热和在电网中运行的稳定性。"即发电机进相运行时就其本体而言有两个特点：①发电机端部的漏磁较迟相运行时增大，会造成定子端部铁心和金属结构件的温度升高，甚至超过允许的温度限值。②进相运行的发电机与电网之间并列运行的稳定性较迟相运行时降低，可能在某一进相深度时达到稳定极限而失步。因此，发电机进相运行时允许承担的电网有功功率和相应允许吸收的无功功率值是有限制的。现将产生上述特点的原因分述如下。

（1）定子端部铁心和金属结构件温度升高。

1）端部漏磁是引起发热的内因。发电机稳定运行时，在发电机中的磁通有励磁磁通 Φ_0、电枢反应磁通 Φ_S、定子漏磁通中 $\Phi_{S\sigma}$ 和转子漏磁通中 $\Phi_{0\sigma}$。其端部的漏磁通 Φ_σ 是定子和转子漏磁通的合成，它是引起定子端部铁心和金属结构件发热的内在因素。端部漏磁通的大小与定子绕组的结构型式（节距、连接方式）、定子端部结构件和转子护环、中心环、风扇的材质及尺寸与位置、转子绕组端部相对定子绕组端部轴向伸出的长度等有关，也与发电机的运行参数有关。

发电机运行时，端部漏磁力图通过磁阻最小的路径形成闭路。因此，定子端部铁心、压指、压板以及转子护环等便是端部漏磁很容易通过的部件。由于端部漏磁也是旋转磁场，它在空间与转子同步旋转，并切割定子端部各金属结构件，故在其中感应涡流和产生磁滞损耗，引起发热。特别是直接冷却式大型发电机的线负荷重，其端部漏磁很强，当端部磁密集中于某部件或局部而该处的冷却强度不足时，则会出现局部高温区，其温升可能超过限额值。

2）增加进相深度是温度升高的外因。发电机端部漏磁的大小还与发电机的运行工况，即与定子电流值及功率因数有关。在发电机槽部气隙中，由于定子、转子主磁通通过完全相同的磁路，故气隙磁通的相量关系与电动势相量关系相互对应，如图 1-36（a）所示。但是端部漏磁通就不同了，因为定子端部漏磁通与转子端部漏磁通的磁路不一致，它们各自磁路的磁阻（R_S 和 R_r）也就不同。对于定子端部某一点，定子电枢反应磁势引起的端部漏磁通 $\Phi_{S\sigma}$ 易于通过，而转子漏磁通进入该点所遇到的磁阻要大一些，并且离气隙越远的部位越

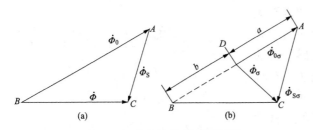

图 1-36　发电机的磁通相量图
(a) 气隙磁通；(b) 端部漏磁通

Φ_S—电枢磁通；Φ_0—主磁通；Φ—气隙合成磁通；

$\Phi_{S\sigma}$—定子端部漏磁通；$\Phi_{0\sigma}$—转子端部漏磁通的一部分；

Φ_σ—端部合成漏磁通

是如此。因此，仅是一部分转子漏磁通 $\Phi_{0\sigma}$ 经过气隙进入定子端部，如图 1-36 (b) 中的 AD，其值 $\Phi_{0\sigma}=\lambda\Phi_0$。(一般 $\lambda=0.3\sim0.5$)，此时端部合成漏磁通 Φ_σ 如图 1-36 (b) 中的 CD。

保持发电机的容量不变，即保持定子电流不变时，$\Phi_{S\sigma}$ 为定值，发电机由迟相运行转为进相运行时，定子端部合成漏磁通 Φ_σ 将逐渐增大，其变化如图 1-37 所示。在图 1-37 中，Φ_σ 的末端在以 O 为圆心，以 OD 为半径的半圆上移动。

图 1-37 中 CD 表示在 $\cos\varphi=0.8$（迟相）运行时的合成漏磁通；CD_1 表示 $\cos\varphi=1$ 时的合成漏磁通；CD_2 表示进相运行 $\cos\varphi=0.9$（超前）时的合成漏磁通。从图 1-37 中可看出，在 $\cos\varphi=1$ 附近 Φ_σ 的变化比较明显，随着进相深度的增加（进相功率因数降低）吸收的无功功率增多，Φ_σ 则越大。

(2) 发电机进相运行时静稳定下降。发电机进相运行时是处于同步低励磁运行状态，其与电网同步稳定运行的充分必要条件（即静稳定的判据）同样是按功角特性确定的，即要求整步功率 $\mathrm{d}P_G/\mathrm{d}\delta>0$。在发电机的功角特性上 $\delta<90°$ 的范围内，发电机具备静稳定能力。$\delta\approx90°$（因联系电抗 $X_{\Sigma s}\neq0$）时，则达到静稳定的临界状态。

当发电机在某恒定的有功功率进相运行时，由于励磁电流较低，因而其静稳定的功

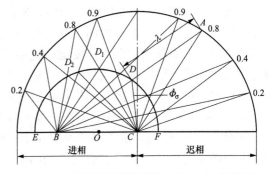

图 1-37　端部合成漏磁通 Φ_σ 与 $\cos\varphi$ 的关系

率极限值减小，降低了静稳定储备系数，即发电机静稳定能力降低。当汽轮发电机带有功功率 P_T 值正常运行，此时由励磁电流感应的电动势为 E_{01}，其功角特性如图 1-38 所示。

保持发电机有功功率恒定，逐渐降低励磁电流，直至发电机转入进相运行（此时励磁电流降低，对应于该励磁电流的感应电动势为 E_{02}，功角特性相应降低）。如果要求发电机吸收更多的无功功率，需增加进相深度，则应继续降低励磁电流，此时感应电势 E_{03} 更降低。因此，可获得幅值逐渐降低的一簇功率特性曲线（如图 1-38 所示）。由于保持发电机的有功功率恒定，故运行功角必然由 δ_a 角增大至 δ_b 角。当励磁电流降至使发电机的运行功角增大直至达到静稳定的临界点 $\delta=90°$（若计及与系统的联系电抗，则 $\delta<90°$）时，若继续降低励磁电流，则发电机会失去静稳定而出现失步现象。因此，发电机的进相容量

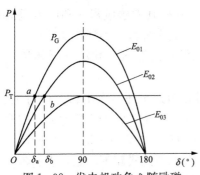

图 1-38　发电机功角 δ 随励磁
电流降低而增大曲线

受到了限制。

1.6.4　发电机进相运行的限制条件

发电机进相运行时，端部温度会升高，静稳定储备会下降。这两方面的影响都和发电机的进相深度和出力密切相关。发电机进相越深和出力越大时，端部发热越严重，静稳定性能越坏。因此，欲保持端部发热为一定值，保持一定的静稳定储备，随着进相深度的增大，发电机的出力应相应降低。

（1）发电机端部温度限值。为了降低发电机进相时引起的端部发热，在制造发电机时常采取如下措施：①将发电机定子铁心端部做成阶梯齿，以减少进入铁心端部的轴向漏磁通。②采用无磁性钢或无磁性铸铁制作压指和齿压板，螺杆、螺帽均采用铝青铜或无磁性不锈钢，以减少漏磁。③在发电机端部可能过热的压圈上安置导电性能好的金属板做成电屏蔽，在发电机定子铁心端部压指与压圈之间装设导磁性很高的硅钢片圆环做成磁屏蔽。④对发电机端部进行通风、通水冷却。

在发电机设计和制造时尽管采取了上述措施，但发电机进相运行时，仍有可能出现局部高温，发电机定子端部铁心和金属构件的温度限值见表 1 - 1。

表 1 - 1　　　　　　　　　发电机定子端部铁心和金属构件的温度限值

部位	允许温度限值
定子端部 铁心及压指	（1）有制造厂预埋测温元件，以制造厂规定为准。 （2）后埋测温元件，最高允许温度 130℃。 （3）若发电机使用的绝缘漆允许温度低于 130℃，则以绝缘漆 允许温度为准
压圈	200℃
电屏蔽 磁屏蔽	（1）以造厂规定温度为准。 （2）以不危及绝缘及结构件为准

（2）发电机进相运行时的静稳定限值。发电机进相运行时，为防止失去静稳定，要求功角 $\delta \leqslant 70°$，静稳定储备系数 10%，发电机进相时的容量限额应按制造厂规定执行或通过试验确定。图 1 - 39 所示为功率因数变化时，大型发电机的允许有功功率和允许无功功率。

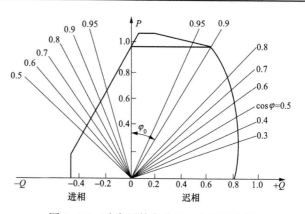

图 1 - 39　功率因数变化时，大型发电机
的允许有功功率和允许无功功率

1.6.5　发电机进相运行的规定

（1）进相运行时发电机端电压不应低于 $95\% U_\text{N}$。

（2）进相运行时，应特别注意控制 6kV 母线电压不低于 5.7kV。进相运行如需启动大功率辅机如给水泵、磨煤机、循环水泵等电动机时，应暂时退出发电机进相运行，先调整发电机电压，以使 6kV 母线电压达到额定值再启动设备，待启动正常后，根据当时情况再将发电机调至进相运行。

（3）发电机进相运行时，为了防止发电机失步在增加有功负荷之前，应首先增加发电机励磁，使发电机功率因数 $\cos\varphi \leqslant 0.95$ 后再增加发电机有功功率。当有功功率稳定后，根据当时情况再调整发电机的进相深度。

（4）进相运行时应加强对发电机冷氢温度以及发电机定子铁心温度、定子绕组温度、定子冷却水支路出水温度的监视，使其不超过极限值。

（5）进相运行时应加强对发电机功率因数的监视调整，在满足发电机端电压 6kV 母线电压的前提下，随着有功功率的减小，发电机吸收的无功功率可相应增大。

（6）发电机进相运行过程中如遇发电机失去同步应立即增加发电机励磁电流将发电机拉入同步，如仍不能拉入同步应降低发电机有功负荷将发电机拉入同步。如经上述处理仍不能拉入同步应按发电机失去同步的故障处理。

1.7　同步发电机的调相运行

1.7.1　发电机调相运行的目的

调相运行是指同步发电机在无原动机拖动时，从系统吸收少量有功、发出或吸收一定无功的运行方式。

发电机调相运行时，根据系统需要，可以过励磁运行，也可以欠励磁运行。当感到系统无功功率不足，且负荷在电厂附近时，发电机作过励磁调相运行，发出一定的无功，以提高系统的电压水平；当感到系统无功功率过剩，且负荷接有长距离输电线路时，发电机作欠励磁调相运行，吸收一定的无功，以降低机端电压，提高电网电压的稳定性和合格率。在下列情况下，同步发电机有必要作调相运行：①水轮发电机在低水位或枯水季节时。②汽轮发电机的汽轮机处于检修期间时。③汽轮发电机的技术经济指标很低时。④水库冲砂时将发电机改作调相机运行，既可减少运行人员的操作量，又能缩短冲砂时间，减少发电量损失，提高经济效益。⑤因水电厂远离负荷中心，当系统负荷处于低谷时，由于长距离输电线路的电容效应，引起线路运行电压升高，严重威胁着电气设备的安全与系统的经济运行。为了解决这一问题，当系统负荷处于低谷，需要有功功率很少期间，要求降低系统电压时，可将发电机转入调相运行，改变励磁为欠励工况，即可降低系统电压满足其合格率的要求。显然，必要时将水轮发电机改作调相机运行，既可满足冲砂的需求，又可满足系统调压的需要。但需对发电机改作调相运行的状态与可行性作分析，并经试验确定其吸收的有功、调压效果与调相容量。

1.7.2　发电机作调相运行的状态分析

（1）同步电机运行的可逆性原理。同步电机的运行是可逆的，即可以由转子输入机械能，经过电磁作用，转变为电能，从定子输出；也可以由定子输入电能，经过电磁作用，转变为机械能，从转子输出。即同步电机既能够运行在发电机状态，也能够运行在电动机状态，完全取决于加给它的能量是机械能还是电能。此外，若同步电机不用原动机来拖动，在轴上又不带任何机械负载，而是接在电网上空载运转，专门用它来调整系统的无功功率，这种运行方式的同步电机称为同步调相机，或称同步补偿机，又称无功发电机。

（2）同步电机从发电机过渡到电动机。同步电机作发电机运行时，其迟相状态的转子磁极轴线沿转子旋转方向，超前于气隙合成磁场的磁极轴线 δ 角，如图 1-40（a）所示，原动机的驱动转矩 M_1 主要用来克服制动的电磁转矩 M_e，将机械能变为电能输出。

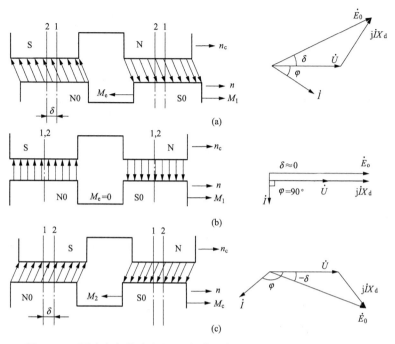

图 1-40　同步电机从发电机过渡到电动机的物理状态和电压相量图
（a）发电机运行；（b）空载运行；（c）电动机运行
1—转子磁极轴线；2—隙合成磁场磁极轴线

如果逐步减少输入发电机的机械功率，转子的输入转矩将减小，功角 δ 减少，相应的电磁功率也减小。当 $\delta=0$ 时，输入的功率只能克服空载损耗（即 $P_1=P_0$），发电机处于空载运行状态，$M_e=0$，没有有功功率向电网输送，如图 1-40（b）所示。

若再继续减少输入电机的机械功率，转子磁极轴线便沿转子旋转方向逐渐落后于气隙合成磁场的磁极轴线。但它们之间仍保持同步，功角 δ 和电磁功率开始变为负值，电机自电网吸取有功功率。此时，如果拆去原动机，该同步电机维持旋转所需的能源全部来自电网。若在电机轴上加上机械负荷（制动转矩 M_2），则转子更落后而使 δ 角增大，如图 1-40（c）所示，电磁转矩对转子成为驱动转矩，于是该电机就变为带负荷运行的同步电动机，转子磁极由驱动变成被拖动。此时电网输入的电功率通过电磁功率转变为机械功率。

（3）同步调相机的运行状态分析。同步电机作为发电机运行时，供给电网有功功率，作为电动机运行时是吸取电网有功功率。它们的无功功率，随其励磁电流的调节，不仅能改变数值的大小，也能方便地实现两种性质（滞后或超前）间的转换。作同步调相机运行时，无拖动负荷，它从电网吸取很少的有功功率，以抵偿自身的损耗维持转动。因此其电磁功率和功率因数接近于零。若忽略损耗则定子电流全为无功分量，故用它作为电网中专用的无功电源设备，可视其为无功功率发电机。

发电机作为调相运行时，随着励磁电流的调节，其运行状态由过励磁、正常励磁转入欠

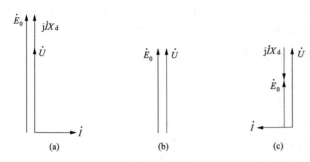

图 1 - 41 同步调相机电动势向量图

(a) 过励磁；(b) 正常励磁；(c) 欠励磁

励磁时，其无功功率的数值和性质也随之变化。

同步调相机的电动势方程为 $\dot{E}_0 = \dot{U} + j\dot{I}X_d$，电动势相量图如图 1 - 41 所示。

图 1 - 41 (a) 所示为调相机的过励磁状态。此时其励磁电流大于空载励磁电流，定子电流 $\dot{I}$ 滞后机端电压 $\dot{U}$ 90°，空载电动势 $\dot{E}_0$ 较高。调相机的额定容量即指其过励磁运行时的最大无功功率，通常由转子额定电流值决定，并且转子绕组的温升不得超过限额。

图 1 - 41 (b) 所示为同步调相机正常励磁状态。此时调相机的电动势方程 $\dot{E}_0 = \dot{U}$，其定子绕组内电流很小（可略去），即调相机为空载运行状态。

图 1 - 41 (c) 所示为调相机的欠励磁运行状态。此时其励磁电流低于空载励磁电流，定子电流 $\dot{I}$ 超前机端电压 $\dot{U}$ 90°，其空载电动势 $\dot{E}_0$ 较低。

（4）同步调相机的功能。众所周知，由于电力负荷主要是大量的异步电动机和变压器，电网在重负荷时负担着很大一部分感性无功功率，因而整个电网的功率因数较低。而电网的传输容量是一定的，$\cos\varphi$ 值低则能传输的有功功率减少。况且 $\cos\varphi$ 值低时，线路的损耗和压降增大，电压降低，输电质量变坏，整个电力系统的设备利用率和效率则降低。因此在电网中选择适当的点（一般在负荷枢纽点）安装调相机，并且当其运行于过励磁状态时，其作用等效于电容器，它的补偿原理如图 1 - 42 所示。

图 1 - 42 调相机补偿原理

(a) 等值原理；(b) 向量图

1—系统电源；2—调相机；3—感性负荷（X_L 和 R_L）

$\dot{I}_{QC}$—调相机电流；$\dot{I}_L$—负荷电流；

$\dot{I}_{PL}$—负荷电流有功分量；$\dot{I}_{QL}$—负荷电流

无功分量；$\dot{I}$—系统电流；$\dot{U}$—系统电压

补偿后的功率因数角由 φ_1 减小至 φ_2，即 $\cos\varphi_2 > \cos\varphi_1$，从而提高了网络输送电力的功率因数。既对负荷所需的感性无功功率实现就地供给，从而避免远程输送，减少了线路损耗和电压降，也充分利用了发电设备的容量，这是电网对调相机运行的基本需要，或者说是调相机在电网的基本功能。

当电网在低谷负荷运行时，电网或部分网络出现容性无功功率超过感性无功功率（感性无功负荷与网络无功损耗之和）时，即会引起电网电压升高，其中枢点电压可能超过规定的上限值，此时将调相机欠励磁运行，其作用又等效于电抗器，从而平衡容性无功功率，抑制和改善电压升高的状况。这样既满足了电网调压的要求，又充分应用了调相机的运行功能。

由此可见，调相机运行时随着电网调压的需要而改变运行状态，即可充分利用它来实现电压调整，提高电网电压的稳定性。

（5）发电机作调相机运行的可行性。综上所述，根据同步电机的可逆性原理，发电机改作调相机运行在理论上是可行的，在操作上是简便的，在运行上是安全可靠的，更具有调节系统电压、降压节能等优点，故具有一定的经济效益。

另一方面，发电机改作调相机运行，是作无功功率发电机，转轴不承受机械负荷，仅在定、转子磁拉力的作用下同步运转，且所有电量参数均在额定值及以下运行，定、转子线圈温升均不会超过额定值。

1.7.3 发电机作调相运行的限制因素

发电机改作调相机运行需考虑的问题，主要从发电机本身定子端部金属结构的温度、降温措施、运行操作以及系统的运行情况来确定，分析如下：

（1）定子端部金属结构的温度。发电机改作调相机在空载与过励状态运行时，其定子端部金属结构件的温度与发电机在迟相运行时基本相同，仅在欠励磁运行时其温度将增高，若同型机已作过进相运行试验，温度不高，不是限制因素时，可参照应用，发电机改作调相机运行，无须再测量端部温度。否则，对于改作调相机运行的发电机，必须在定子端部金属结构件上埋设测温元件，实测作调相机运行时的温度，方能确定其调相容量。

（2）定子端部的降温措施。经实际观察，现代的发电机，定子端部的边段铁心几乎均采用了阶梯齿降温措施，使漏磁路的磁阻增大，漏磁通小，边段铁心的损耗小，致使其在欠励磁运行时温度较低。压指和压圈通常也均为非磁性材料，也使温度降低。

（3）调相运行操作，水轮发电机改作调相机运行时，在操作上仅改变导水叶的开度，将输入转子的有功逐渐减少到零，直至关闭导水叶断水，此时发电机从电网吸取有功维持其与电网同步运转，进入调相机状态运行，操作简便。发电机进入调相运行状态后，如需调节系统电压时，在励磁装置允许的调节范围内，调节励磁电流可满足系统电压要求。

1.7.4 发电机作调相运行时的启动方式

发电机作调相运行时，可以与原动机（水轮机或汽轮机）不分离，也可以将原动机拆开，发电机单独运行。发电机与原动机不分离时，运行的灵活性较大，在不改动设备的情况下，既可作调相运行，又可作为系统的旋转（热）备用，随时可转为正常的发电运行方式。

启动发电机作调相运行非常简便，可先利用原动机作动力，让蒸汽（或水）进入汽轮机（或水轮机），拖动发电机，待并入电网后，再将进汽（或进水）量减至最小，到能维持调相运行为止。以上叙述的均为与原动机不分离运行的优点，但这种方式也有其缺点，主要是在调相运行时，必须带着原动机旋转，损耗较大；另外，将原动机改为无工质运行，只对水轮机较合适，若汽轮机改为无工质运行，由于发热和散热条件的复杂性，是否允许运行，必须进行详细分析和试验才能决定。通常，因较大的损耗将使汽轮机叶片和发电机端部等部件发生过热，为了防止过热，必须让小部分蒸汽通过汽轮机叶片，这样，就产生一个最小允许有功功率，该功率为额定容量的 10%～20%，具体视汽轮机的类型和容量而定。立式水轮发电机由于结构上的原因，不能和原动机拆开，为减少有功损耗，在调相运行时，应使水轮机叶片不在水中旋转，而在空气中旋转。为此，必须用压缩空气将水压出，以保证发电机顺利调相运行。

发电机在和原动机拆开作调相运行时，可以减少有功损耗，但这样做，就不可能再利用原动机来启动了，在此情形下，常用电动机启动或异步启动。电动机启动就是利用一台小容量的电动机（其容量为发电机容量的 3%～5%）拖动发电机，克服发电机的阻力，待转速上升至接近额定转速时，再将发电机并入系统。异步启动就是将发电机直接接入或经电抗器接入电网，借助异步转矩，进行启动。

1.8　发电机的异常运行和事故处理

1.8.1　发电机的过负荷运行

发电机正常运行时，不允许过负荷，即发电机的定子电流和转子电流均不能超过由额定值所限定的范围。但是，当系统发生短路故障、发电机失步运行、成组电动机自启动以及强行励磁装置动作等情况时，为保证连续供电，才允许发电机短时间过负荷运行。此时，发电机的电流超过额定值会使绕组温度有超过允许限度的危险，严重时甚至还可能烧毁机组或造成机械损坏。很显然，过负荷数值越大，持续时间越长，上述危险性越严重。允许发电机过负荷的数值不仅和持续时间有关，还和发电机的冷却方式有关。

发电机短时间过负荷时，对绝缘寿命影响不大。因为绝缘老化需要一定时间的变化过程，绝缘材料变脆，介质损失角增大，击穿电压下降都需要一个高温作用时间，高温时间越短，损害程度越轻。

过负荷的允许数值和过负荷的持续时间应由制造厂规定。大型发电机组的过负荷允许值也可参考表 1-2，且要求每年此运行工况不得超过 2 次，时间间隔不少于 30min。

表 1-2　　　　　　　　　　　　　　　　发电机过负荷允许值

发电机过负荷允许时间（s）	10	30	60	120
允许定子电流过负荷倍数	2.20	1.54	1.30	1.16
允许励磁电压过负荷倍数	2.08	1.46	1.25	1.12

当发电机的定子电流超过允许值时，运行人员应当首先检查发电机的功率因数 $\cos\varphi$ 和电压，功率因数不应过高，电压不应过低，同时注意过负荷的时间，按照现场规程的规定，在允许的时间内，用减少励磁电流的方法，减低定子电流到最大允许值，但仍不得使功率因数过高和电压过低。如果减少励磁电流不能使定子电流降低到允许值时，则必须降低发电机的有功出力或切除一部分负荷。

1.8.2　发电机的失磁异步运行

同步发电机的失磁异步运行，是指发电机失去励磁后，仍输出一定的有功功率，以低转差率与电网并联运行。发电机突然失去励磁，是发电机励磁回路常见的故障之一，一般是由于励磁回路短路或开路造成的。当发电机出现失磁故障时，若能允许短时异步运行，电气人员便可借此机会寻找失磁原因，迅速消除失磁故障，恢复励磁实现再同步，恢复发电机正常运行。这对于保障供电的可靠性、提高电力系统安全和稳定运行都具有重要意义。

（1）电机失磁异步运行时出现的现象。发电机失磁后的异步运行状态与失磁前的同步运行状态相比有许多不同之处，可从表计上看出以下变化：

1）转子电流表指示值为零或接近于零。当发电机失去励磁后，转子电流迅速按指数规律衰减，其减小的程度与失磁原因、失磁程度有关。当励磁回路开路失磁时，转子电流表的指示值 I_f 为零；当励磁回路直接短路或经小电阻短路失磁时，转子回路有交流电流通过，直流电流表有指示，但 I_f 数值很小或接近于零，如图 1-43 的波形所示。若是由于转子绕组匝间短路引起的失磁，则转子电流不为零。

2）定子电流表的指示值增大和摆动。发电机失磁异步运行时，由于需要建立工作磁通和漏磁通，故使无功功率的分量增大。同时，定子电流以及从电网吸收的无功功率，均随转差率 s 的增大而增加，因而使定子电流明显增大。定子电流增大的同时又发生摆动，如图 1-43 中所示为 I 值的包络线。

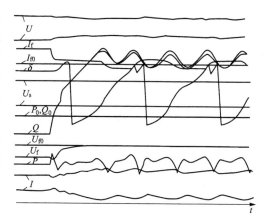

图 1-43   发电机的失磁异步运行录波曲线
I—定子电流；I_f—转子电流；P、Q—定子有功和无功功率；δ—功角；P_0、Q_0、U_{f0}、I_{f0}—定子有功、定子无功、转子电压、转子电流为零时的参考线；U—发电机端电压；U_s—系统电压

3）有功功率表的指示值减小和摆动。发电机失磁后，由于转矩不平衡，引起转子转速升高，调速器自动关小汽门，使原动机的输入功率减小，发电机的输出规律也相应减小。有功功率摆动是由于转子的正向旋转磁场分量产生 2 倍转差频率的异步转矩所致。

4）无功功率表指示负值，发电机端电压降低。发电机失磁转入异步运行后，即成了一台转差率为 s 的异步发电机。此时，一方面向系统输送有功功率，另一方面也从系统吸收无功功率给转子励磁。因此，无功功率指示为负值，功率因数表则指示进相。同时，由于定子电流增大，使线路压降较大，故导致母线电压降低，并随定子电流的摆动而摆动。严重时，将使系统电压大幅度下降，甚至有发生电压崩溃的危险。

5）定子端部铁心和金属结构件温度升高。发电机失磁异步运行是进相运行的极限情况。发电机进相运行时，定子端部磁场与转子端部磁场的相位发生了变化，两者叠加使定子端部的漏磁场增高。该磁场是旋转磁场，对定子以同步转速旋转，因此会在定子端部铁心和金属结构件中，引起磁滞和涡流损耗并使之发热。发电机失磁异步运行时，定子端部的发热比进相运行时严重。对于直接冷却的大型发电机，其线负荷通常比间接冷却的发电机高，异步运行时端部的发热问题尤应注意。

（2）发电机失磁异步运行与同步运行的主要区别。

1）发电机失磁异步运行时，转子的转速 n，高于定子旋转磁场的同步速 n_1。因此有转差率 $s=（n-n_1）/n_1×100\%$ 存在；而发电机同步运行时，转子的转速与定子旋转磁场的同步速相等，即 $n=n_1$，转差率为零。

2）发电机失磁异步运行时，因有转差，在转子各部件要产生感应电流；而同步运行时，因无转差，故无感应电流。

3）发电机失磁异步运行时，转子绕组中无直流励磁电流，此时的励磁电流为转子中感应的低频电流；而同步运行时转子绕组中为直流励磁电流。

4）发电机失磁异步运行时，向电力系统输送有功功率，吸收无功功率；而同步运行时可向系统输送有功功率和无功功率，或输送有功功率，吸收无功功率（进相运行时）。

5）发电机失磁异步运行时，定子和转子的电气量有周期性的摆动；而同步运行时定子和转子的电气量稳定。

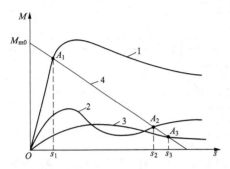

图 1-44　发电机的平均异步转矩特性

1—汽轮发电机的异步转矩特性；2—有阻尼绕组水轮发电机的异步转矩特性；3—无阻尼绕组水轮发电机的异步转矩特性；4—原动机调速器的转矩特性

（3）发电机的失磁异步运行分析。

1）发电机失磁后转子的转速不会无限制的升高。发电机失磁后异步运行时，随着转速升高，转差率增大，但是转子转速的增高将引起调速器动作，调速汽门会关小，减小原动机的输入转矩。此时由调速器的转矩特性 $M_m = f(s)$ 可知，转子的转速不会无限制的升高。这样，可避免因转子超速可能引起的事故。图 1-44 所示为发电机的平均异步转矩特性曲线。

2）发电机有稳定异步运行点。发电机失磁异步运行时，当原动机的输入转矩特性 $M_m = f(s)$ 与发电机的平均异步转矩特性相交时，即输入力矩与平均异步制动力矩相平衡时，发电机就能稳定异步运行，如图 1-44 中的 A_1 点就是汽轮发电机的稳定异步运行点，而水轮发电机的 A_2、A_3 因转差巨大，不能异步运行。

3）发电机异步运行输出的功率一定小于失磁前的功率。发电机失磁异步运行特点之一是转子的转速高于同步转速，因此调速器必然要动作，汽门关小，使原动机的输入功率减小。所以，发电机异步运行输出的功率一定小于失磁前输出的功率（调速器失灵区来不及动作的除外）。

4）发电机异步运行时影响输出有功功率的因素。发电机失磁异步运行时输出有功功率的多少，与原动机调速器的转矩特性和发电机的异步转矩特性有关。研究结果表明，发电机失磁异步运行限制其输出功率的主要因素是定子端部铁心和金属结构件的发热（其发热增长很快）。300MW 的发电机定子端部铁心齿端的发热时间常数约为 6min。对于 300MW 发电机组，要求在 60s 以内，将额定有功功率减至 $60\% P_N$，90s 内将有功功率减至 $40\% P_N$，总的失磁运行时间不超过 15min。

（4）发电机失磁异步运行的限制条件：

1）发电机定子电流不得超过额定值。

2）发电机定子电压不得低于 0.9 倍额定值。

3）定子端部铁心和金属结构件的温度不超过表 1-1 中的限额值。

4）系统电压不得低于运行电压的下限值。

（5）发电机失磁异步运行的优点：

1）可提高供电的可靠性。应用发电机失磁异步运行技术，可以缩小停电面积，提高对用户供电的可靠性，并可减少停电损失。

2）节约能源消耗，延长发电机的使用寿命。发电机失磁异步运行后，可减少因失磁造成的解列或启停机的次数，节省启动消耗的能源，并可延长发电机的使用寿命。

3）有时间恢复励磁和减少因甩负荷可能引起的故障。若发电机失磁时允许异步运行一定的时间（一般为 15～30min），即可在此时间内查找失磁故障，恢复励磁。同时还可避免或减少因失磁突然甩负荷，可能引起的一些事故或故障。

（6）对汽轮发电机失磁保护装置的要求。对发电机失磁保护装置，除要求其工作可靠性要高外，尚需具备下列特性：

1）能正确判断发电机失磁并发出失磁信号。

2）自动发出降低发电机有功功率的指令，并通过控制设备在规定的时间内，将有功功率降低到允许异步运行时间的限额数值。

3）当高压母线电压低于下限值时，发出停机指令。

4）当厂用电压低于允许值时，能启动厂用电源快速切换装置，将厂用负荷自动切换到厂用备用电源。

5）对于不属于发电机失磁事故的其他系统事故，如短路、振荡、电压互感器二次回路断线等，不应动作。

1.8.3 发电机的不对称运行

发电机的正常工作状态是指三相电压、电流大小相等、相位相差 120° 的对称运行状态。不对称运行状态是指三相对称性的任何破坏，如各相阻抗对称性的破坏、负荷对称性的破坏、电压对称性的破坏等所致的运行状态。非全相运行则是不对称运行的特殊情况，即输电线或变压器切除一相或两相的工作状态。

（1）引起不对称运行的主要原因：

1）电力系统发生不对称短路故障。

2）输电线路或其他电气设备一次回路断线。

3）并、解列操作后，断路器个别相未拉开或未合上。

4）用户端单相负荷（照明、电炉、电气机车等）分配不平衡。

无论是何种原因，对发电机都造成了定子电压和电流的不平衡，分析同步发电机的三相不对称运行时，通常利用对称分量法把不对称的三相电压和电流分解成三组对称分量，即正序、负序和零序分量。不同性质的不对称可能产生不同的分量，例如：两相短路故障或一相断线时，只有正序电流和负序电流分量；单相接地短路和两相接地短路时，则正序电流、负序电流和零序电流分量都有。

对于大型发电机组普遍采用发电机—变压器组接线方式，当主变压器的高压侧系统发生不对称运行时，与之相连的发电机也处于不对称运行状态。此时高压侧如果存在零序电流分量，由于变压器的低压侧绕组通常为三角形接线，则发电机与变压器之间无零序电流分量回路，所以在分析发电机的不对称运行时，只考虑正序和负序电流。正序电流产生的旋转磁场，与转子磁场同速同方向；而负序电流产生的旋转磁场方向，则与转子磁场方向相反，空间转速绝对值相同，这样，对转子的相对速度为两倍同步转速，这一情况的存在对发电机运行产生了严重的影响。

（2）不对称运行对发电机的影响。不对称运行时，负序电流一方面与正序电流叠加使定子绕组相电流可能超过额定值，除了使该相绕组发热超过允许值外，另一方面还会引起转子的附加发热和机械振动，后者有时会更为严重，现作简单分析。

当定子三相绕组中流过负序电流时，在发电机定子内出现负序旋转磁场，此磁场以同步速度与转子相反方向旋转，在励磁绕组、阻尼绕组及转子本体中感应出两倍频率的电流，从而引起励磁绕组、阻尼绕组以及转子其他部分的附加发热。由于这个感应电流频率较高（100Hz），集肤效应较大，不容易穿入转子深处，所以这些电流只在转子表面的薄层中流

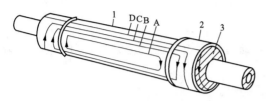

图 1-45　发电机转子表面的感应电流分布
1—转子本体；2—护环；3—芯环

过。对汽轮发电机，通常齿部的穿透深度为几毫米，槽楔处为 $1\sim1.7\mathrm{cm}$。因此，感应电流在转子各部分造成的附加发热集中于表面层。而此电流在转子表面的分布与笼型电动机的转子电流分布相似，在转子表面沿轴向流动，在转子端部沿圆周方向流动，从而形成环流，如图 1-45 所示。这些电流不仅流过转子本体 1（线 A），还流过护环 2（线 B、C 和 D）以及芯环 3（线 D）。这些电流流过转子的槽楔与齿，并流经槽楔和齿与套箍的许多接触面。这些地方的电阻较高，发热尤为严重，可能产生局部高温，以致破坏转子部件的机械强度和绕组绝缘。尤其是护环在转子本体上嵌装处的局部发热特别危险，因为护环是发电机运行中应力最大的部件，其机械强度的稍微减弱就可能引起极严重的后果。

　　除上述附加发热外，负序电流还将引起机械振动。因为正序磁场对转子是相对静止的，其转矩作用方向恒定。而负序旋转磁场相对转子却是以两倍同步速度旋转，与转子磁场相互作用，产生 100Hz 的交变电磁力矩，将同时作用在转子轴和定子机座上。因而使机组产生频率为 100Hz 的振动和噪声，使发电机的各个部件产生附加的机械负荷，增加了额外的机械应力。

　　（3）发电机不对称运行时的限制条件。负序电流产生的附加发热和振动，对发电机的危害程度与发电机类型和结构有关，汽轮发电机由于转子是隐极式的，磁极与轴是一个整体，绕组置于槽内，散热条件较差，所以负序电流产生的附加发热可能成为限制不对称运行的主要条件。

　　对不同结构、不同冷却方式及容量的发电机，其负序电流的允许值也不一样，发电机承受负序电流允许值有两种，即长期的和瞬时的。瞬时值一般发生在不对称短路故障的过程中，一般用额定电流为基准的标幺值表示。发电机不对称运行的限制条件是：当发电机三相负荷不对称时，每相电流均不超过额定电流，负序电流 I_2 与额定电流 I_N 之比即 I_2/I_N 最大允许值为 10%；当发生不对称故障时，发电机的最大负序能力即 $(I_2/I_\mathrm{N})^2 t$ 的最大允许值为 10s。发电机不平衡负荷能力曲线如图 1-46 所示。除此之外，发电机不对称运行时出现的机械振动不应超过允许范围。

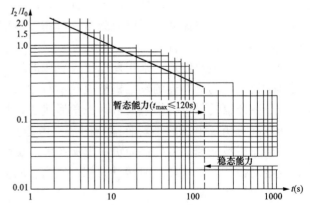

图 1-46　发电机不平衡负荷能力曲线

　　（4）不对称运行的现象及处理。不对称运行时的现象是三相定子电流表指示各不相等，负序信号装置可能动作报警。不对称运行的处理：

1）机组已由继电保护动作跳闸。应在复置后按停机处理，待查明原因并消除故障后重新将机组并网。

2）发电机运行中负序信号报警或虽未报警但出现定子电流不平衡。实际上，负序电流的大小由其产生的原因决定，一般情况下，发生不对称运行后只要不超过允许值，在稳态情况下发电机仍可继续运行。但当定子电流不平衡值已超过允许规定时，如确非由于表计故障或表计所在回路故障引起，则应尽快降低定子电流，使不平衡值降至允许范围内，具体方法可以降低无功，也可以降低有功，在调节过程中应注意机组的功率因数不得超过允许值。

3）并列操作后定子电流不平衡。这种情况产生的原因，一般为主变压器高压侧断路器一相（或两相）未合上，并列初期，有功、无功负荷尚未增加时不易被发现，随着定子电流的增加，其不平衡情况越来越明显，此时应立即检查断路器的合闸位置指示，确定为一相断路器未合上时，可重新发出一次合闸脉冲，如无效，则应立即降低发电机的有功、无功负荷至零后将机组解列，待查明故障原因并消除后方可将机组重新并列。如为两相断路器未合上，应尽快将合上的一相断路器拉开。

4）执行发电机解列操作，拉开主变压器高压侧断路器后，在降低发电机电压时发现定子电流表出现指示且不平衡。经对高压侧断路器的位置指示情况的分析，如为两相断路器未断开引起时，可首先调节发电机励磁电流，使定子电压升至正常值，然后合上断开的一相断路器，使定子电流恢复平衡，此时高压侧断路器已不能进行正常解列操作，应在调整高压侧母线的运行方式后用其他断路器如母联断路器将机组解列。

如果分析结果为一相断路器未断开引起时，由于机组仅通过一相与系统联络，因此机组可能已处于失步（即非同期）状态，必须迅速进行处理。出现这种状态时，绝对禁止采用再发出一次合闸脉冲合其余二相断路器的办法。为尽量减少所造成的影响，比较好的处理办法是立即将该机组所在高压母线上除故障断路器外的所有断路器倒换至其他电源，通过母联断路器带此机组运行，最后以母联断路器将机组解列。

此外，在断电保护设置上已逐步采用通过非全相启动失灵保护的办法来保证非全相运行机组的安全，也就是在发生非全相运行时，由继电保护执行处理任务，以缩短机组非全相运行的时间，从而减少对机组的危害。

1.8.4 发电机振荡与失步的事故处理

当系统发生突然和急剧的扰动时，发电机会出现振荡和失去同步，而发电机在正常运行时，如果功率因数过高，亦可能引起静态不稳定而失去同步。这是因为发电机功率因数的提高，势必会减小发电机的励磁电流，使发电机的电动势下降，功角增大，发电机输出的功率极限值降低，这样就有可能引起静态不稳定而失去同步。

（1）发电机与系统间发生振荡或失步时的现象：

1）定子电流表的指针超出正常值来回剧烈摆动。

2）定子电压表的指针周期性剧烈摆动，通常是电压降低。

3）有功功率和无功功率表也发生大幅度摆动。

4）转子电流表、电压表指针在正常值附近摆动。

5）过负荷保护装置可能动作并报警。

6）发电机发出有节奏的轰鸣声，其节奏与上述各表指针的摆动合拍。

7）励磁系统的交直流电压表及直流电流表来回摆动等。

（2）发电机振荡或失步的原因：

1）系统发生故障引起振荡。

2）励磁系统故障引起发电机失磁。

3）发电机功率因数过高或机端电压过低。

（3）发电机振荡或失步时的处理：

1）当失步是由于功率因数过高或系统电压过低引起时，可适当减少发电机有功负荷，增加励磁电流，将发电机拖入同步，汽轮发电机的强励动作时间不允许超过 20s。

2）如失步是由系统故障引起时，频率表在 50Hz 以上摆动，则应降低发电机有功出力，直至振荡消失，使系统频率恢复正常。当系统振荡时，如果频率表在 48.5Hz 以下摆动，则应迅速增加有功出力以提高频率。当机组已达最大出力而振荡仍未衰减时，应按紧急减负荷程序拉闸限电，直至振荡消除或频率恢复正常。

3）2~3min 振荡仍未消失，则应在预先设定的解列点解列，待振荡消失后恢复系统正常接线。

1.8.5　发电机出口断路器跳闸的事故处理

（1）发电机断路器跳闸的现象：

1）发电机断路器、灭磁断路器跳闸。

2）发电机断路器跳闸、灭磁断路器未跳闸。

3）发出事故音响及有关掉牌信号等。

（2）发电机断路器跳闸的处理：

1）复位跳闸断路器，若灭磁断路器未跳应立即手动拉开灭磁断路器。发电机跳闸对厂用电、系统潮流分布、频率、电压都会产生影响，应及时做出必要的调整处理。

2）如确系人为误碰断路器机构或误动二次保护而引起的断路器跳闸，可不作其他检查立即将发电机并入电网。

3）如系继电保护动作跳闸，需经电气试验人员对该保护作检查、处理，或经有关领导批准将误动保护暂时退出，以及对该保护所保护范围内一次设备进行详细检查无问题后，方可将发电机并入电网。

4）根据不同保护动作进行检查处理。

· 差动保护动作后的检查处理：①发电机本体有无异常响声，端部线圈及差动保护范围内一次设备有无电弧烧坏痕迹、焦味；②对发电机一次回路进行绝缘检查；③经上述检查未发现异常问题，经有关领导同意，使用发电机升压按钮（禁止使用置位按钮）从零升压作阶段检查，升压正常则将发电机并网，如发现异常情况立即拉开灭磁断路器灭磁，以待处理。

· 转子两点接地保护动作后的检查处理：①测量励磁回路绝缘合格；②检查空冷室内无焦味、无漏水；③经上述检查未发现异常情况，用发电机升压按钮从零升压，并检查转子在升压过程中机体是否有异常振动，特别注意核对空载参数是否正常，发现异常情况立即拉开灭磁断路器灭磁，如升压正常无异常情况则将发电机并入电网。

· 定子接地及匝间保护动作后的检查处理：①检查发电机的转速至零，测量发电机定子绝缘，应大于 5~10MΩ；②检查发电机端部线圈有无放电痕迹、焦味，有无漏水及检漏计所发的信号；③经上述检查未发现异常情况，用发电机升压按钮零起升压，同时检查端部线圈有无放电、焦味及机体有无异常振动，此时零序电压表无指示，发现异常情况立即拉开灭磁断路器灭磁，如升压正常将发电机并入电网。

• 失磁及负序保护动作后的检查处理：①断路器跳闸时无失磁现象；②断路器跳闸时未出现定子电流不平衡及系统短路的事故象征；③励磁回路及微机励磁调节装置无异常情况；④发电机升压正常并入电网。

• 低压闭锁过流保护动作后的检查处理：低压闭锁过流保护误动可能性小，如正确动作时，应先检查主变压器保护是否有拒动，如误动，作外部检查无异常情况，升压正常将发电机并入电网。

• 无保护掉牌：①拉开发电机出线隔离开关后（主励磁机隔离开关不要拉开）作断路器、灭磁断路器跳、合闸试验，合闸时注意检查断路器跳闸铁心是否动作，判断是由断路器操动机构还是由二次回路问题引起的，将故障排除；②是否有人误启动保护或误碰断路器操动机构；③发电机及一次回路外部进行检查无异常情况，升压正常将发电机并入电网。

1.8.6 发电机的其他事故处理

（1）发电机起火。

1）发电机起火的现象。

• 发电机外壳温度急剧升高。

• 定子窥视窗或定子引出线小室等处冒出烟气、火星。

• 空冷室内有烟雾或从发电机两端轴封处冒烟、焦臭味。

• 有时有爆炸声。

• 发电机表计指针可能发生强烈摆动。

• 发出"主控掉牌未复归"等声光预告、事故信号，发电机断路器、灭磁断路器跳闸或未跳闸等。

2）发电机起火的处理。

• 立即拉开已着火发电机断路器、灭磁断路器，如已跳闸则将其复位，退出微机励磁调节装置及断水保护。对因发电机跳闸而造成对系统潮流分布、频率、电压和厂用电影响应作必要的调整处理。

• 通知汽轮机值班人员开启灭火装置，发电机保持 $200 \sim 300 \text{r/min}$ 低速运转，关闭各通风门，但不得关闭内冷水，冷却水系统继续运行，用灭火装置设法尽快灭火，严禁使用泡沫灭火器或沙子对发电机进行灭火。

• 将故障发电机由热备用转为检修。

（2）发电机断水。

1）发电机断水的现象。

• 内冷水泵跳闸未能联动自投，又未及时发现启动备用水泵，或水路堵塞引起发电机定子断水。定子进水压力下降或至零，或者不正常升高。

• 发电机本体振动增大。

• 发电机控制盘上出现"断水"光字信号和掉牌事故信号。

• 发电机断路器、灭磁断路器跳闸等。

2）发电机断水的处理。

• 断水保护投入，或投入信号时，当出现了断水信号，确系发电机断水情况，30s 内立即拉开发电机断路器和灭磁断路器。

• 复归已跳闸断路器，退出微机励磁调节装置。

• 断水保护跳闸后，应对发电机组进行全面检查，待内冷水恢复，断水信号消失将发电机并入电网。

（3）发电机转子一点接地。

1）发电机转子一点接地的现象。

• 发电机控制盘上出现"转子一点接地"信号。

• 励磁回路绝缘检查电压表正对地或负对地电压较正常高或全接地等。

2）发电机转子一点接地的处理。

• 全面检查励磁回路，有无明显接地现象，是否因杂物受潮、不清洁等原因引起的绝缘下降或接地。

• 化验水质，检查电导率是否超过标准。

• 倒换备用励磁机，检查工作励磁机回路是否发生接地。

• 测量转子绝缘电阻，若确认为转子一点接地，应尽快安排停机处理。

（4）发电机定子接地。

1）发电机定子接地的现象。发电机控制盘上出现"定子接地"报警信号。

2）发电机定子接地的处理。

• 测量发电机零序电压及定子三相对地电压，如果对地电压没有升高现象，可能由于电压互感器熔丝熔断引起，应检查更换。如有相对地电压升高，确定为接地，应详细检查发电机一次回路。

• 如确定接地点在发电机内部，应立即减荷停机，如接地点在发电机外部应尽快安排停机消除。

• 在接地原因未查明前，从定子接地报警开始，发电机只允许运行 0.5h，不可超过 1h，否则应减荷停机。

（5）电刷冒火。

1）电刷冒火的现象。

• 在集电环或部分电刷发生火花。

• 在一个极或几个极下的电刷发生长线状火花，有环火危险。

2）电刷冒火的处理。

• 一般的火花，检查与调整电刷的压力，更换过短、摇摆、上下跳动的电刷。

• 用干净的白布蘸纯酒精擦净电刷及集电环。

• 经上述处理无效时，应降低无功负荷使火花减少到允许情况，但应注意功率因数不宜超过 0.95（滞后）。

• 倒换备用励磁机。

2　电力变压器的基础知识

本章着重介绍电力变压器运行的基础知识，叙述确定变压器负荷能力的原则和依据；通过例题，阐明变压器在各种不同负荷情况下各部分温升、绝缘老化率的计算和变压器正常过负荷、事故过负荷能力的计算。

2.1　概　　述

电力变压器是发电厂和变电站中的重要元件之一。随着电力系统的扩大和电压等级的提高，在电能输送过程中，电压转换（升压和降压）层次有增多的趋势，要求系统中变压器的总容量由过去的 5～7 倍发电总容量，增加至 9～10 倍。变压器的效率虽然很高（99.5%），但系统中每年变压器总能量损耗仍是一个很大的数目。因此，尽量减少变压层次，经济而合理地利用变压器容量，改善网络结构，提高变压器的可靠性，仍是当前变压器运行中的主要课题。

电力变压器可制成三相的，也可制成单相的。一台三相变压器比三台单相变压器组成的变压器组，其经济指标要好得多。所以，单相变压器只用于容量很大，制造和运输困难的特殊场合。

变压器可制成双绕组和三绕组，少数是四绕组的。目前，在中性点直接接地系统中，广泛使用自耦变压器；由于限制短路电流的需要，分裂绕组变压器也得到应用。

变压器的主要参数有额定容量、额定电压、额定变比、额定频率，阻抗电压百分数等。额定值系指在给定的技术条件下（其中包括冷却介质和环境条件等），所规定的各种电气和机械允许值。

2.1.1　电力变压器负荷超过额定容量运行时的效应

变压器的额定容量含义是在规定的环境温度下，长时间地按这种容量连续运行，就能获得经济合理的效率和正常预期寿命（约 20～30 年）。换句话说，变压器的额定容量是指长时间所能连续输出的最大功率。

实际上变压器的负荷变化范围很大，不可能固定在额定值运行，在短时间间隔内，有时必须超过额定容量运行；在另一部分时间间隔内又可能是欠负荷运行，因此有必要规定一个短时允许负荷，即变压器的负荷能力。它不同于额定容量，变压器的负荷能力是指在短时间内所能输出的功率，在一定条件下，它可能超过额定容量。负荷能力的大小和持续时间决定于：①变压器的电流和温度是否超过规定的限值。②在整个运行期间，变压器总的绝缘老化是否超过正常值，即在过负荷期间绝缘老化可能多一些，在欠负荷期间绝缘老化要少一些，只要二者互相补偿，总的不超过正常值，能达到正常预期寿命即可。

变压器的负荷超过额定值运行时，将产生下列效应：

（1）绕组、线夹、引线、绝缘部分及油的温度将会升高，且有可能达到不允许的程度。

（2）铁心外的漏磁通密度将增加，使耦合的金属部分出现涡流，温度增高。

（3）温度增高，使固体绝缘和油中的水分和气体成分发生变化。

（4）套管、分接开关、电缆终端头和电流互感器等受到较高的热应力，安全裕度降低。

（5）导体绝缘机械特性受高温的影响，热老化的累积过程将加快，使变压器的寿命缩短。

上述效应对不同容量的变压器是不同的，为了能对变压器在预期运行方式下规定某一合理的危险程度，国际电工标准（IEC-354）考虑以下3种类型的变压器。

（1）配电变压器（2500kVA及以下），只需考虑热点温度和热老化。

（2）中型电力变压器（额定容量不超过100MVA），其漏磁通的影响不是关键性的，但必须考虑冷却方式的不同。

（3）大型电力变压器（额定容量超过100MVA），其漏磁通的影响很大，故障后果很严重。

2.1.2 电力变压器负荷超过额定容量运行时的限值

变压器超过额定值运行时，国际电工标准（IEC）建议不要超过表2-1规定的限值。

表2-1　　　　　　　　变压器负荷超过额定容量时的温度和电流的限值

负 荷 类 型	配电变压器	中型电力变压器	大型电力变压器
通常周期性负荷电流（标幺值）	1.5	1.5	1.3
热点温度及与绝缘材料接触的金属部件的温度（℃）	140	140	120
顶层油温（℃）	105	105	105
长期急救周期性负荷电流（标幺值）	1.8	1.5	1.3
热点温度及与绝缘材料接触的金属部件的温度（℃）	150	140	130
顶层油温（℃）	115	115	115
短时急救周期性负荷电流（标幺值）	2.0	1.8	1.5
热点温度及与绝缘材料接触的金属部件的温度（℃）	—	160	160
顶层油温（℃）	—	115	115

2.2 电力变压器的发热和冷却

2.2.1 发热和冷却过程

电力变压器运行时，其绕组和铁心中的电能损耗都将转变为热量，使变压器各部分的温度升高，这些热量大多以传导和对流方式向外扩散。所以，变压器运行时，各部分的温度分布极不均匀。

图2-1所示为油浸式变压器各部分的温升分布，它的散热过程如下：

（1）热量由绕组和铁心内部以传导方式传至导体或铁心表面，如图中曲线1～2部分，通常为几摄氏度。

（2）热量由铁心和绕组表面以对流方式传到变压器油中，如图中曲线2～3部分，为绕组对空气温升的 20%～30%。

（3）绕组和铁心附近的热油经对流把热量传到油箱或散热器的内表面，如图中曲线 4～5 部分。这部分所占比重不大。

（4）油箱或散热器内表面热量经传导散到外表面，如曲线 5～6 部分。这部分不会超过 2～3℃。

（5）热量由油箱壁经对流和辐射散到周围空气中，如曲线 6～7 部分。这部分所占比重较大，占总温升的 60%～70%。

从上述散热过程中，可以归纳以下几个特点：

（1）铁心、高压绕组、低压绕组所产生的热量都传给油，它们的发热互不关联，而只与本身损耗有关。

（2）在散热过程中，会引起各部分的温度差别很大。图

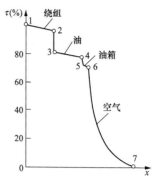

图 2-1　油浸式变压器各部分的温升分布

2-2 所示为油浸变压器温度沿高度的分布。图上表示绕组的温度最高，经试验证明，温度的最热点在高度方向的 70%～75% 处，而沿径向，则温度最热的地方位于结组厚度（自内径算起）的 1/3 处。

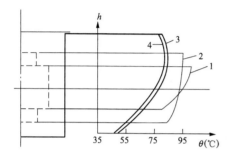

图 2-2　油浸式变压器的温度沿高度分布

1—绕组温度；2—铁心温度；3—油温；
4—油箱外表面温度；h—高度，θ—温度

（3）大容量变压器的损耗量大，单靠箱壁和散热器已不能满足散热要求，往往需采用强迫油循环风冷或强迫油循环水冷，使热油经过强风（水）冷却器冷却后，再用油泵送回变压器。大容量的变压器已普遍采用导向冷却，在高低压绕组和铁心内部，设有一定的油路，使进入油箱内的冷油全部通过绕组和铁心内部流出，这样带走了大量热量，改善了上、下热点温差，可有效地提高散热效率。

2.2.2　电力变压器的温升计算

变压器长期稳定运行，各部分温升达到稳定值，在额定负荷时的温升为额定温升。由于发热很不均匀，各部分温升通常都用平均温升和最大温升计算。绕组或油的最大温升是指其最热处的温升，而绕组或油的平均温升是指整个绕组或全部油的平均温升。

表 2-2 列出了我国标准规定的在额定使用条件下变压器各部分的允许温升。额定使用条件为：最高气温 40℃；最高日平均气温 30℃；最高年平均气温 20℃；最低气温－30℃。

表 2-2　　变压器各部分的允许温升（℃）

冷却方式	自然油循环	强迫油循环风冷	导向强迫油循环风冷
绕组对空气的平均温升	65	65	70
绕组对油的平均温升	21	30	30
顶层油对空气的温升	55	40	45
油对空气的平均温升	44	35	40

图 2-3 所示为变压器油和绕组温升的分布图。图中 AB、CD 分别表示油温升和绕组导线的温升。如图 2-3 所示，从底层到顶层，油温升和绕组温升都呈线性增加，AB 和 CD 相

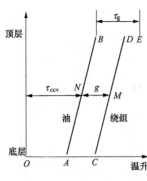

图 2-3　变压器温升分布

互平行，也就是说，在不同高度，绕组对油的温差是一常数，在图上用 g 表示，因此计算此绕组对空气温升时，可用绕组对油的温升和油对空气温升相加。由于杂散损耗增加，同时为了留有一定裕度，计算绕组最热点温度应比绕组顶部导线的平均温度高一些，计算时用绕组最热点温度与绕组顶部的油温之差 τ_g 表示。在额定负荷时，对于油浸变压器，顶层油的温升等于 55℃（B 点），油平均温度约为最大值的 80%，即 44℃（N 点），绕组平均温升等于 65℃（M 点），AB 和 CD 的水平距离即 g 值为 21℃，绕组最热点的温升大约比平均温升高 13℃，则绕组最热点对油的温升 τ_g 为 44+21+13-55=23（℃）。

如果变压器的负荷与额定负荷不同，温升将需计算和修正。因此，当负荷率为 K（即实际负荷与额定负荷之比）时，各部分温升可用下式计算：

顶层油温升为

$$\tau_t = \tau_{tN}\left(\frac{1+RK^2}{1+R}\right)^x \tag{2-1}$$

绕组对油的温升为

$$\tau_g = \tau_{gN}K^{2y} \tag{2-2}$$

式中　τ_t、τ_g——在 K 负荷率时顶层油对空气的温升（最大值）、绕组对油的温升（最大值）；

　　　τ_{tN}、τ_{gN}——在额定负荷时，顶层油对空气的温升（最大值）、绕组对油的温升（最大值）；

　　　K——负荷率，即实际负荷与额定负荷之比；

　　　R——额定负荷下，短路损耗对空载损耗之比，为 2～6；

　　　x——计算油温的指数，根据冷却方式而不同，对于自然冷却方式的变压器，$x=0.8$ 对于强迫油循环的变压器，为 0.9～1.0；

　　　y——计算最热点温升的指数，也随冷却方式而不同，一般取 $y=x$。

2.2.3　稳态温度的计算

电力变压器绕组热点温度，根据冷却方式不同，可用下列公式计算：

（1）自然油循环冷却（ON）。在任何负荷下，绕组热点温度等于环境温度、温升以及热点与顶层油之间温差之和，即

$$\theta_h = \theta_0 + \tau_{tN}\left(\frac{1+RK^2}{1+R}\right)^x + \tau_{gN}K^{2y} \tag{2-3}$$

式中　θ_h——热点温度（不考虑导线电阻影响）；

　　　θ_0——环境温度；

　　　其余符号同前。

（2）强迫油循环冷却（OF）。顶层油温等于底层油温加上平均油温与底层油温之差的两倍。因此计算时，以底层油温和油平均温度作基础，热点温度等于空气温度，底层油温升，绕组顶部油温与底层油温之差，以及绕组顶部油温与热点温度之差的总和，即

$$\theta_h = \theta_0 + \tau_{bN}\left(\frac{1+RK^2}{1+R}\right)^x + 2(\tau_{avN} - \tau_{bN})K^{2y} + \tau_{gN}K^{2y} \tag{2-4}$$

式中　τ_{bN}——额定负荷下底层油温升；

　　　　τ_{avN}——额定负荷下油平均温升；

其余符号同前。

（3）强迫油循环导向冷却（OD）。对于这种冷却方式，基本上与 OF 冷却方式一样，但考虑到导线电阻的温度变化，应加上一个校正系数，即

$$\theta'_h = \theta_h + 0.15(\theta_h - \theta_{hN}) \tag{2-5}$$

式中　θ_h——热点温度（考虑导线电阻影响）；

　　　　θ_{hN}——额定负荷下绕组热点温度；

　　　　θ_h——K 负荷率条件下绕组热点温度。

2.2.4　电力变压器的暂态温度计算

在电力变压器运行过程中，负荷不断改变，环境温度也有所变化，因此变压器的温升是瞬变的，远远没有达到稳定。在此情况下，任何负荷条件的变化都可看成一个阶跃函数。如果负荷的变化是阶段性的，即如图 2 - 4 所示的矩形负荷图，由一个上升阶跃函数和另外一个与其有一定延时的下降阶跃函数组成，若是连续变化的负荷，阶跃函数是以较小的时间间隔依次推算的。对于后者，可用暂态发热公式依次推算，对于后者必须用计算机程序计算。

如果是二阶段负荷曲线（如图 2 - 4 所示），负荷率为 K_1 和 K_2，时间相应为 t_1 和 t_2，可用一般暂态温升计算公式计算油的温升变化曲线。

变压器油的暂态温升计算公式为

$$\tau_{bt} = \tau_{bi} + (\tau_{bs} - \tau_{bi})(1 - e^{-\frac{t}{T}}) \tag{2-6}$$

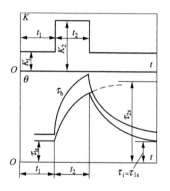

图 2 - 4　变压器二阶段负荷和各部分的温升变化曲线

式中　τ_{bt}——经过时间 t 后底层油温升；

　　　　τ_{bs}——施加负荷后底层油的稳定温升；

　　　　τ_{bi}——起始的底层油温升；

　　　　T——油的时间常数。

在图 2 - 4 中，t_1 时间间隔开始瞬间，可假定底层油的温升相当于 K_1，负荷率时的稳定温升，在时间间隔 t_2 中，负荷率由 K_1 变到 K_2，这时油温升达不到稳定值，其瞬时值可用式（2 - 6）计算。当负荷率由 K_2 值减至 K_1 值时，温升的冷却曲线亦可用式（2 - 6）推算。由于绕组的发热时间常数很小，只有 5～6min，所以可假定负荷率由 K_1 变至 K_2 值时，绕组对油的温升能瞬时跃变，即由 K_1 负荷率时的稳定值跃变至 K_2 负荷率时的稳定值。图 2 - 4 中的 τ_h 曲线就是由油温升曲线加上相应的绕组对油的稳定温升曲线。

如果是多阶段负荷曲线，每一阶段油的温升都没有达到稳定值（如图 2 - 5 所示），应用上述方法和式（2 - 6）计算温升是很麻烦的，从最初温升 τ_i，求出每一阶段的温升 τ_1、τ_2、…、τ_i（n 为阶段数），最后达到 $\tau_n = \tau_i$ 也很费时间。在这种情况下，可用下面公式计算。

令 $e^{-\frac{t_i}{T}} = A_j$，于是有

$$\tau_n = \tau_i = \frac{1}{A_n - 1} \sum_{j=1}^{n} (A_j - A_{j-1}) \qquad (2-7)$$

在某阶段 x 末尾时的温升，可按下式计算

$$\tau_x = \frac{1}{A_x} \left[\tau_i + \sum_{j=1}^{x} \tau_{js} (A_j - A_{j-1}) \right] \qquad (2-8)$$

式中 τ_i ——最初温升；

τ_{js} ——j 阶段负荷率为 K_j 时的稳定温升。

由式（2-8）可见，从零开始可以计算在任何阶段中任何瞬间的温升，如果需求最大温升，则只需计算到最大负荷末尾时的温升值。

【例 2-1】   依照图 2-6 所示的负荷曲线，计算并绘制油浸变压器的绕组和油的温升曲线，油的发热时间常数为 3.5h，损耗比 $R=5$。负荷曲线有 6 段，最大负荷率 $K=1.3$，发生在 18～20h。最小负荷率 $K=0.2$，发生在 22～6h。在 22h 负荷陡然下降，以此作为计算开始时间，计算结果列于表 2-3。

解   油的最初温升由式（2-7）得

$$\tau_i = \frac{1}{A_n - 1} \sum_{j=1}^{n} (A_j - A_{j-1}) = \frac{1}{951 - 1} \times 53250 = 56(℃)$$

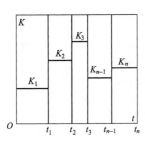
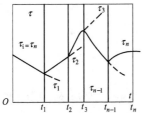

图 2-5   油对空气温升变化曲线（多阶段负荷曲线情况）

这个温升发生在 22h，在每一阶段末尾，油对空气的温升由式（2-8）求得，见表 2-3。绕组和油对空气的温升变化曲线示于图 2-7。由表 2-3 和图 2-7 可见：22 h，油的最大温升达 56℃，其他时间都小于额定值 55℃，绕组最热点的温升在大部分时间内小于 78℃，而大于 78℃（图中水平线 1—1）的时刻仅在晚上最大负荷时出现。绕组最热点温度可在温升曲线上加上空气温度得到，如果空气温度为 20℃，则绕组最大温度达 87.8＋20＝107.8（℃）。

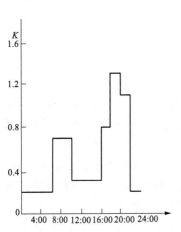

图 2-6   ［例 2-1］负荷曲线

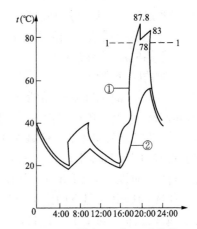

图 2-7   ［例 2-1］温升曲线
①—绕组对空气的温升；②—油对空气的温升

表 2 - 3　　　　　　　　　　　　计 算 结 果 表

j	t_j	t_j/T	$A_j=e^{-t_j/T}$	A_j-A_{j-1}	K_j	τ_{js}	$\tau_{js}(A_j-A_{j-1})$	$\sum\tau_{js}(A_j-A_{j-1})$	τ_i	τ_b	$\tau_i+\tau_b$
0	0	0	1.0	9	0.2	12.9	113	113	17.3	1.3	18.6
1	8	2.28	10								
2	12	3.43	31	21	0.7	33.5	707	820	28.4	12.1	40.5
3	18	5.15	172	141	0.3	15.2	2150	2970	17.5	2.6	20.1
4	20	5.71	300	128	0.8	40	5120	8090	27.1	15.2	42.3
5	22	6.28	535	235	1.3	81.6	19160	27250	51	36.8	87.8
6	24	6.85	951	416	1.1	62.4	26000	53250	56	27.2	83.2

2.3　电力变压器的绝缘老化

2.3.1　电力变压器的热老化定律

电力变压器大多使用 A 级绝缘（油浸电缆纸），在长期运行中由于受到大气条件和其他物理化学作用的影响，使绝缘材料的机械性能、电气性能衰减，逐渐失去其初期所具有的性质，产生绝缘老化现象。对于绝缘材料的电气强度来说，在材料的纤维组织还未失去机械强度的时候，电气强度是不会降低的，甚至完全失去弹性的纤维组织，只要没有机械损伤，照样还有相当高的电气强度。但是已经老化了的绝缘材料，显得十分干燥而脆弱，在变压器运行时产生的电磁振动和电动力作用下，很容易损坏。由此可见，判断绝缘材料的老化程度，不能单从电气强度出发，而应由机械强度的降低情况来决定。

变压器的绝缘老化，主要是受温度、湿度，氧气和油中的劣化产物的影响，其中高温是促成老化的直接原因。运行中绝缘的工作温度越高，化学反应（主要是氧化作用）进行得越快，引起机械强度和电气强度丧失得越快，即绝缘的老化速度越大，变压器的预期寿命也越短。根据研究结果，在 80～140℃范围内，变压器的预期寿命和绕组热点温度的关系为

$$z=Ae^{-P\theta} \tag{2-9}$$

式中　z——变压器的预期寿命；

　　　θ——变压器绕组热点的温度；

　　　A——常数，与很多因素有关，如纤维制品的原始质量（原材料的组成和化学添加剂），以及绝缘中的水分和游离氧等；

　　　P——温度系数，在一定范围内，它可能是常数，但和纤维质量等因素无关。

现在尚没有一个简单的准则用来判断变压器的真正寿命，通常用预期寿命来判断。一般认为：当变压器绝缘的机械强度降低至其额定值 15％～20％时，变压器的预期寿命即算终止。因此在工程上通常用相对预期寿命 z_* 和老化率 υ 来表示变压器绝缘的老化程度。

相对预期寿命和老化率都牵涉到绕组热点温度，对于标准变压器，在额定负荷和正常环境温度下，热点温度的正常基准值为 98℃，此时变压器能获得正常预期寿命 20～30 年。也就是说，此时变压器的老化率假定为 1。

根据式（2-9）计算，正常预期寿命为

$$z_N = A e^{-P \times 98} \tag{2-10}$$

用 z/z_N 表示任意温度 θ 时的相对预期寿命，则

$$z_* = \frac{z}{z_N} = e^{-P(\theta-98)} \tag{2-11}$$

其倒数称为相对老化率 υ，即

$$\upsilon = e^{P(\theta-98)} \tag{2-12}$$

计算时，用基数 2 代替 e 较为方便，则

$$\upsilon = 2^{\frac{P(\theta-98)}{0.693}} = 2^{\frac{(\theta-98)}{\triangledown}} \tag{2-13}$$

在式（2-13）中

$$\frac{1}{0.693} = \frac{\ln e}{\ln 2}$$

并令

$$\triangledown = \frac{0.693}{P} \tag{2-14}$$

研究表明：$\triangledown$ 为 6℃左右。这意味着绕组温度每增加 6℃，老化率加倍，此即热老化定律（绝缘老化的 6℃规则）。根据式（2-14）可计算在各温度下的老化率，列于表2-4中。

表 2-4　　　　　　　　　　　　各温度下的老化率

温度（℃）	80	86	92	98	104	110	116	122	128	134	140
老化率	0.125	0.25	0.5	1.0	2	4	8	16	32.	64	128

2.3.2　等值老化原则

变压器运行时，如维持变压器绕组最热点的温度在 98℃左右，可以获得正常预期筹命。实际上绕组温度受气温和负荷波动的影响，变动范围很大，因此如将绕组最高允许温度规定为 98℃，则大部分时间内，绕组温度达不到此值，亦即变压器的负荷能力未得到充分利用；反之，如不规定绕组的最高允许温度，或者将该值规定过高，变压器又可能达不到正常预期寿命。为了正确地解决这一问题，可应用等值老化原则，即在一部分时间内，根据运行要求，允许绕组温度大于 98℃，而在另一部分时间内，使绕组的温度小于 98℃，只要使变压器在温度较高的时间内所多损耗的寿命（或预期寿命），与变压器在温度较低时间内所少损耗的寿命相互补偿，这样变压器的预期寿命可以和恒温 98℃运行时等值。换句话说，等值老化原则就是使变压器在一定时间向隔 T（一年或一昼夜）内绝缘老化或所损耗的寿命等于一常数，用公式表示为

$$\int_0^T e^{P\theta_t} dt = 常数$$

这个常数应相当于绕组温度在整个时间间隔 T 内为恒定温度 98℃时变压器所损耗的寿命，即

$$\int_0^T e^{P\theta_t} dt = T e^{98P} \tag{2-15}$$

实际上，为了判断变压器在不同负荷下绝缘老化的情况，或在欠负荷期间变压器负荷能

力的利用情况，通常将式（2-15）左右两端的比值（即变压器在某一段时间间隔内实际所损耗的寿命对绕组温度维持恒定 98℃时所损耗寿命的比值）称为绝缘老化率 υ，即

$$\upsilon = \frac{\int_0^T e^{P\theta_t} \, dt}{T e^{98P}} = \frac{1}{T} \int_0^T e^{P(\theta_t - 98)} \, dt \tag{2-16}$$

显然，如 $\upsilon > 1$，则变压器的老化大于正常老化，预期寿命大为缩短；如果 $\upsilon < 1$，变压器的负荷能力未得到充分利用。因此，在一定时间间隔内，维持变压器的老化率接近于 1，是制定变压器负荷能力的主要依据。

2.4　电力变压器的正常过负荷和事故过负荷

变压器绕组热点温度和其他部分的温度，在运行时受到负荷波动和环境空气温度变化的影响有很大变化，最高温度和最低温度的差别也较大。在此情况下，可以在一部分时间内使变压器超过额定负荷运行，即过负荷运行；而在另一部分时间内，小于额定负荷运行，只要在过负荷期间所多损耗的寿命与在小负荷期间少损耗的寿命相互补偿，仍可获得规定的预期寿命。变压器的正常过负荷能力，就是以不牺牲变压器正常预期寿命为原则而制订的。制订变压器的正常过负荷能力牵涉到绕组热点温度的计算。为了简便起见，在考虑环境温度和负荷变化的影响时，通常用等值空气温度代替实际变化的空气温度，将实际负荷曲线归算成等值阶段负荷曲线。

2.4.1　等值空气温度

由式（2-9）可知，在运行过程中，变压器的预期寿命或老化程度与绕组温度成指数比例关系，即高温时，绝缘老化的加速远远大于低温时绝缘老化的延缓，因此，不能用平均温度来表示变化的温度对绝缘老化的影响，必须用一个等值空气温度来代替。

等值空气温度就是指某一空气温度，在一定时间间隔内如维持此温度不变，当变压器带恒定负荷时，绝缘所遭受的老化等于空气温度自然变化时和同样恒定负荷情况下的绝缘老化，用算式表示为

$$T e^{P\delta_{eq}} = \Delta t (e^{P\delta_1} + e^{P\delta_2} + \cdots + e^{P\delta_n}) = \sum_{t=1}^{n} e^{P\delta_t} \Delta t \tag{2-17}$$

或

$$\delta_{eq} = \frac{2.3}{P} \ln \frac{1}{T} \int_1^t e^{P\delta_t} \, dt \tag{2-18}$$

式中　δ_{eq}——等值空气温度；

δ_t——在各个短时间间隔 Δt 时空气的平均瞬时温度（$\delta_t = \delta_1$、δ_2、$\cdots$、δ_n）；

T——某个时间间隔（通常为一年，一季度或一昼夜）。

研究表明，空气温度的日或年自然变化曲线，可近似地认为是正弦曲线（如图 2-8 所示），也可用式（2-19）表示

$$\delta_t = \delta_{av} + \frac{1}{2} \Delta\delta \sin \frac{2\pi t}{T} \tag{2-19}$$

式中　δ_{av}——在时间间隔 T 内空气的平均温度；

$\Delta\delta$——该时间间隔内空气温度的变化范围，即最高温度和最低温度之差。将式（2-19）代入式（2-18），即可计算出 δ_{eq} 的数值，最后得

$$\delta_{eq} = \delta_{av} + \Delta \tag{2-20}$$
$$\Delta = f(\Delta\delta)$$

式中　Δ——温度差。

由于高温时绝缘老化的加速远较低温时绝缘老化的延缓为大，因此等值空气温度不同于平均温度，它比平均气温大一个 Δ 数值［见式（2-20）］，Δ 数值依照气温变化的规律及其变化范围而不同，气温变化范围 $\Delta\delta$ 越大，则 Δ 值越大，Δ 永远是正值；如气温变化是正弦曲线，则 $\Delta = f(\Delta\delta)$ 曲线如图 2-9 所示。

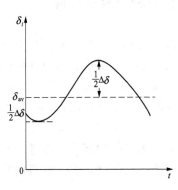
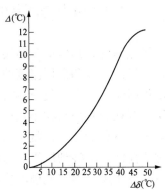

图 2-8　空气温度日变化曲线　　　　　图 2-9　$\Delta = f(\Delta\delta)$ 关系曲线

实际上，变压器绕组温度的变化即使在恒定负荷时也不能完全准确地依照空气温度的变化而变化，变压器绕组和油都具有热容量，油的发热时间常数远大于绕组，因此绕组温度变化往往落后于空气温度的变化，其变化范围也较小。根据经验和计算，绕组温度变化范围只有空气温度变化范围的 80% 左右。根据这个数据，曾计算过全国主要城市的年等值空气温度。计算结果表明，年等值空气温度比年平均温度高 3～8℃。例如广州地区，年平均温度是21.9℃，每年空气温度变化范围是 15℃，日变化范围是 8℃，年等值空气温度是 25.3℃。哈尔滨年平均温度为 3.3℃，年空气温度变化范围是 43.4℃，日变化范围是 11.91℃，年等值空气温度为 9.1℃。如果在恒定额定负荷时变压器绕组最热点温度维持在 98℃，则等值空气温度相当于 98-65-13 = 20（℃）左右（其中，13℃是绕组最热点温度与平均温度之差）。这个数值适应于我国广大地区气温情况，所以我国变压器的额定容量不必根据气温情况加以修正，但在考虑过负荷能力时应考虑等值空气温度的影响。

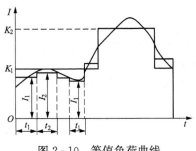

图 2-10　等值负荷曲线

2.4.2　等值负荷曲线的计算

计算绕组热点温度时，如考虑负荷变动的影响显得很复杂，在此情况下，最好将实际负荷曲线归算成二阶段或多阶段负荷曲线，如图 2-10 所示。归算的原则是等值负荷期间，变压器中所产生的热量与实际负荷运行时产生的热量等值，因此有

$$K_i = \sqrt{\frac{I_1^2 t_1 + I_2^2 t_2 + \cdots + I_i^2 t_i}{t_1 + t_2 + \cdots + t_i}} \tag{2-21}$$

式中　K_i——i 阶段等值负荷系数；

　　　　I_i——阶段内负荷电流值；

　　　　t_i——i 阶段持续时间。

2.4.3　电力变压器正常允许过负荷

正常容许过负荷是以不牺牲变压器正常寿命为原则，所以必须根据环境温度、实际负荷曲线以及变压器的数据，计算变压器的老化率 υ。如果 $\upsilon \leqslant 1$，说明过负荷在容许范围内；如果 $\upsilon > 1$，则不允许正常过负荷。除此之外，绕组热点温度和电流等都不得超过表 2-1 给出的限值。

为了简化计算，国际电工委员会（IEC）根据上述原则，制订了各种类型变压器的正常允许过负荷曲线。图 2-11（a）和（b）分别表示自然油循环和强迫油循环变压器在日等值空气温度为 20℃ 时的过负荷曲线。图中 K_1 和 K_2 分别表示两段负荷曲线（如图 2-10 所示）中低负荷和高负荷的负荷率。T 为过负荷的允许持续时间，利用过负荷曲线，很容易求出对应于允许持续时间的允许过负荷，但自然油循环的变压器过负荷不应超过 50%，强迫油循环的变压器过负荷不应超过 30%。

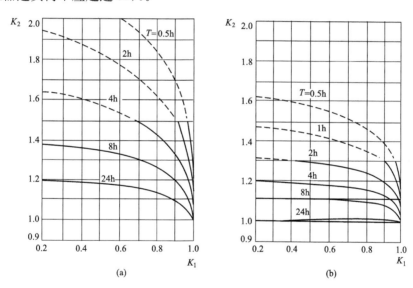

图 2-11　正常允许过负荷曲线图（日等值空气温度 20℃）

(a) 自然油循环的变压器；(b) 强迫油循环的变压器

【例 2-2】　应用［例 2-1］的原始数据，并已知日等值空气温度为 20℃，求变压器绝缘的日老化率。

解　计算步骤如下：

求变压器绕组和油对空气温升曲线，见［例 2-1］的计算和图 2-7。

求出的温升曲线加上日等值空气温度，求出绕组热点温度日变化曲线。

应用式（2-16）求得绝缘的日老化率，即

$$\upsilon = \frac{1}{T}\int_0^{24} e^{P(\theta_t - 98)} \mathrm{d}t = \frac{1}{24}(0.3 + 1.7 + 2.8 + 0.2) = \frac{5}{24} \approx 0.21 < 1$$

上面计算证明，该变压器依照图 2-6 所示负荷曲线运行时，日老化率未超过允许限度，故过负荷值在正常过负荷允许范围内。

【例 2-3】　一台 10000kVA 的自然油循环自冷变压器，安装在屋外，当地年等值空气温度为 20℃，日负荷曲线为两段负荷，起始负荷为 5000kVA，求变压器历时 2h 的过负荷值。

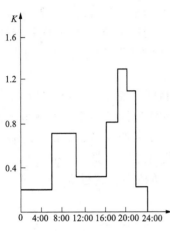

图 2-12　[例 2-4] 的负荷曲线

解　由已知条件可得

$$K_1 = \frac{5000}{10000} = 0.5$$

查图 2-11（a）曲线，对应于 $T=2h$，求得过负荷率 $K_2 = 1.53$，但过负荷不得超过 30%，不能取曲线中的虚线部分，故取 $K_2 = 1.3$。

过负荷值 $1.3 \times 10000 = 13000$（kVA）

【例 2-4】　某自然油循环的变压器，依照图 2-12 所示的负荷曲线运行，其中 18～22h 过负荷运行，当地日等值空气温度为 20℃，求过负荷倍数。

解　首先应将图 2-12 中的负荷曲线归算成两阶段负荷曲线，即可求出欠负荷期间等值负荷率 K_1。

等值负荷期间：变压器中所产生的热量和实际负荷运行时产生的热量等值，为此

$$K_1 = \sqrt{\frac{I_1^2 t_1 + I_2^2 t_2 + \cdots + I_i^2 t_i}{t_1 + t_2 + \cdots + t_i}}$$

$$= \sqrt{\frac{0.2^2 \times 6 + 0.7^2 \times 4 + 0.3^2 \times 6 + 0.8^2 \times 2 + 1.2^2 \times 2 + 1.0^2 \times 2 + 0.2^2 \times 2}{6 + 4 + 6 + 2 + 2 + 2 + 2}} = 0.453$$

查图 2-11（a）曲线对应于 $T=4h$，求得过负荷率 $K_2 = 1.28$

2.4.4　电力变压器的事故过负荷

当系统发生事故时，保证不间断供电是首要任务，变压器绝缘老化加速是次要的，所以事故过负荷和正常过负荷不同，它是以牺牲变压器寿命为代价的，绝缘老化率允许比正常过负荷时高得多。但是确定事故过负荷时，同样要考虑到绕组最热点的温度不要过高，避免引起事故扩大。和正常过负荷一样，变压器事故过负荷时绕组最热点的温度不得超过 140℃，负荷电流不得超过额定值的 2 倍。

国际电工技术委员会（IEC）没有严格规定允许事故过负荷的具体数值，而是列出了事故过负荷时变压器寿命所牺牲的天数，即事故过负荷一次（例如事故过负荷 1.3 倍，运行 2h），变压器绝缘的老化相当于正常老化时的天数。运行人员可根据这个数值，参照变压器过去运行情况、当地的等值空气温度以及系统对事故过负荷的要求等情况灵活掌握。表 2-5 列出了自然油循环和风冷油循环的变压器事故过负荷时所牺牲的天数。表中 K_1 表示事故过负荷前等值负荷率；K_2 表示事故过负荷倍数；"+" 号表明即使在最低气温条件下也不允许运行；数字后面如附有 A、B、C、D，则分别表明在最高等值空气温度为 30、20、10、0℃时允许运行。表中所列牺牲天数系指等值空气温度为 20℃的数值，如等值空气温度不是

＝20℃，应乘以有关系数，见表 2-6。

表 2-5　自然油循环和风冷油循环的变压器在不同事故过负荷 1h 所牺牲的天数（天）

K_2	K_1									
	0.25	0.5	0.7	0.8	0.9	1.0	1.1	1.2	1.3	1.4
0.7	0.001	0.004	0.026							
0.8	0.001	0.005	0.027	0.079	0.266	1.0	1.07	4.18	99.0D	558D
0.9	0.001	0.005	0.029	0.083	0.283	1.07	4.50	19.3A	108C	+
1.0	0.002	0.006	0.032	0.091	0.310	1.18	5.03A	20.9B	123D	+
1.1	0.003	0.008	0.039	0.102	0.356	1.38	5.97B	23.6B	+	+
1.2	0.004	0.012	0.049	0.123	0.439	1.75A	7.81B	28.6C	+	+
1.3	0.007	0.019	0.069	0.162	0.604	2.52B	11.7C	38.6D	+	+
1.4	0.014	0.034	0.112	0.242	0.953A	4.20C	20.7D	+	+	+
1.5	0.029	0.069	0.205	0.416A	1.74B	8.15C	+	+	+	
1.6	0.066	0.150	0.424A	0.815B	3.63C	18.0D	+	+		
1.7	0.158	0.353A	0.958B	1.78B	8.38D	+	+	+		
1.8	0.397A	0.876B	2.33C	4.25C	+	+				
1.9	1.05B	2.29C	6.00D	10.8D	+					
2.0	2.88C	6.27D	+	+						

表 2-6　等值空气温度不同于 20℃ 时的校正系数

等值空气温度（℃）	40	30	20	10	0
校正系数	10	3.2	1	0.32	0.1

3 发电机运行规程

3.1 发电机概述及规范

3.1.1 概述

（1）发电机组，采用发—变—线大单元方式接线。发电机为 QFSN-300-2-20D 型三相二极同步发电机，由汽轮机直接拖动。

（2）冷却方式为水氢氢方式，即定子线圈（包括定子引线、定子过渡引线和出线）采用水内冷，转子线圈采用氢内冷，定子铁心及端部构件采用氢气表面冷却（集电环为空气表面冷却）。

（3）通风方式为定、转子风区相互对应的"四进五出"多流式通风系统，机座内部的氢气由转子两端的轴流式风扇驱动，在机内进行密闭循环。

（4）定子绕组供水方式：由定冷水系统独立供给。

（5）氢气密封方式：单流环式密封油系统。

（6）供油方式：轴承润滑油由汽轮机润滑油系统供给，密封油由密封油系统供给。

（7）励磁方式：机端变压器静止可控硅整流（自并励系统）。

3.1.2 发电机本体规范

发电机本体规范见表 3-1。

表 3-1　　　　　　　　　　发电机本体规范

名　称	参　数	名　称	参　数
型号	QFSN-300-2-20D	相数	3
生产厂家	东方电机股份有限公司	接法	2Y
额定功率	300MW（353MVA）	出线端子数	6
最大连续功率	330MW（388MVA）	效率	≥98.9%
额定电压	20kV	额定氢压	0.25MPa
额定电流	10.189kA	充氢容积	72m³
额定功率因数	0.85	漏氢	≤10m³/d
额定励磁电流	2075A	短路比	≥0.6
额定励磁电压	455V	同步电抗	185.48%
空载励磁电流	840A	负序电抗	17.18%
空载励磁电压	157V	零序电抗	7.33%
额定频率	50Hz	允许强励时间	10s
额定转速	3000r/mim	一阶临界转速	1347r/min

续表

名　称	参　数	名　称	参　数
二阶临界转速	3625r/min	集电环温度	≤120℃
绝缘等级	F（温度按 B 级考核）	集电环出风温度	≤65
定子绕组及出线出水温	≤80℃	环境温度	5～40℃
定子绕组层间温度	≤90℃	轴瓦温度	≤90℃
层间温度差	≤8℃	轴承回油温度	≤70℃
转子绕组温度	≤110℃	轴承振动	≤0.025mm
定子铁心温度	≤120℃	轴振	≤0.075mm

3.1.3　发电机绝缘电阻

发电机绝缘电阻见表 3 - 2。

表 3 - 2　　　　　　　　　　　　发 电 机 绝 缘 电 阻

测量部位	温度	绝缘电阻（MΩ）	兆欧表（V）
定子绕组（干燥状态）	工作温度	≥5	2500
转子绕组	室温（20℃）	≥1	500
测温元件	室温（20℃）	≥1	250
轴承和油密封		≥1	1000

3.1.4　氢系统规范

氢系统规范见表 3 - 3。

表 3 - 3　　　　　　　　　　　　氢 系 统 规 范

名称	参数	名称	参数
纯度	≥95%	冷氢温度	35～46℃
露点	−14～−25℃	热氢温度	≤65℃
湿度	1.5～4g/m³		

3.1.5　油系统规范

轴承润滑油、密封油规范见表 3 - 4 和表 3 - 5。

表 3 - 4　　　　　　　　　　　　轴 承 润 滑 油 规 范

名称	参数	名称	参数
发电机轴承油量	2×500L/min	进油温度	35～45℃
稳定轴承油量	25L/min	出油温度	≤70℃
进油压力	0.05～0.10MPa		

表 3 - 5　　　　　　　　　　　　　密 封 油 规 范

名称	参数	名称	参数
油量	2×92.5L/min	进油温度	35~45℃
进油压力	0.3±0.02MPa	出油温度	≤70℃

3.1.6　冷却水规范（定子绕组、氢冷器）

定子绕组冷却水、氢气冷却器冷却水规范见表 3 - 6 和表 3 - 7。

表 3 - 6　　　　　　　　　　　　　定 子 绕 组 冷 却 水

名称	参数	名称	参数
进水温度	45±3℃	酸碱度（pH）	7~8
流量	45t/h	硬度	≤2μg/L
进水压力	0.1~0.2MPa	氨	微量
电导率	≤0.5~1.5μS/cm	定子绕组充水容积	0.3m³

表 3 - 7　　　　　　　　　　　　　氢 气 冷 却 器 冷 却 水

名称	参数	名称	参数
氢气冷却器个数	4	进水压力	0.1~0.2MPa
冷却器进水温度	20~38℃	水压降	0.024MPa
冷却器出水温度	≤43℃	氢冷器风阻压降	0.222MPa
水量	4×100t/h		

3.2　励磁系统概述与规范

3.2.1　励磁系统概述

3.2.1.1　UNTROL5000 控制及命令

（1）控制。UNTROL5000 正常情况下由控制室远控操作，且只有在励磁系统切换到"远方"时才有效。UNTROL5000 有以下控制方法：

1）从控制室用键盘命令进行远方控制，命令以开关量形式发往励磁系统。

2）从控制室用监视器屏幕进行远方控制，命令以开关量形式或通过现场总线发往励磁系统。

3）使用集成在励磁系统中的就地控制单元（就地控制面板）进行就地控制。

（2）命令。

1）灭磁开关合闸命令用于合入灭磁开关，进行投励磁操作。分闸命令用于断开灭磁开关，退出励磁操作。

2）励磁远方投入命令用于投入励磁，向发电机提供励磁电流，励磁投入。命令发出后，在断开位置的灭磁开关将自动闭合，励磁自动投入供给发电机励磁电流。

条件：励磁断路器在合位；无分闸命令和跳闸信号；发电机定速；起励电源投入。

3）远方退出命令用于立即切断发电机励磁，将励磁系统可控硅整流桥切换到逆变运行（磁场能量反馈）使灭磁电阻与转子绕组并联，发电机通过整流桥和灭磁电阻迅速灭磁。

条件：主断路器在分位。

3.2.1.2 UNITROL5000 励磁系统主要工作原理

通过可控硅整流桥控制励磁电流来调节发电机端电压和无功功率。整个系统可分为 4 个主要部分，即励磁变压器、两套相互独立的励磁调节器、可控硅整流桥单元、起励单元和灭磁单元。

（1）在自并励中，励磁电源取自发电机机端。同步发电机的磁场电流经由励磁变压器、磁场断路器和可控硅整流桥供给。励磁变压器将发电机端电压降低到可控硅整流桥所需的输入电压，为发电机端电压和磁场绕组提供电气隔离以及为可控硅整流桥提供整流阻抗。

（2）可控硅整流桥将交流电流转换成受控的直流电流 I_f。起励开始时，发电机的起励能量来自发电机残压。当可控硅整流桥的输入电压升到 $10\sim20V$ 时，可控硅整流桥和励磁调节器就投入正常工作，由 AVR 控制进行软起励过程。并网后，励磁系统可工作于 AVR 方式，调节发电机的端电压和无功功率或工作于恒功率因数调节、恒无功调节等。

（3）灭磁设备的作用是将磁场回路断开并快速将磁场能量释放。灭磁回路主要由磁场断路器、灭磁电阻、晶闸管跨接器及其相关的触发元件组成。

3.2.2 整流屏技术规范

整流屏技术规范见表 3-8。

表 3-8　　　　　　　　　　整流屏技术规范

名称	参数	名称	参数
励磁系统型号	UNITROL5000	额定输出电压	DC 455V
响应时间	≤100ms	额定输出电流	DC 2075A
起励电源	AC 380V	单元数量	3

3.2.3 自动电压调节器规范

自动电压调节器规范见表 3-9。

表 3-9　　　　　　　　　　自动电压调节器规范

名称	参数	名称	参数
调节方式	AVR	调节精度	$\leqslant0.5\%U_e$
响应时间	≤100ms	电压调整范围	$5\%\sim110\%U_e$

3.3　发电机正常运行和维护

3.3.1 发电机的正常运行

（1）额定运行方式。发电机按照铭牌规定数据运行时，称为额定运行方式。发电机可以

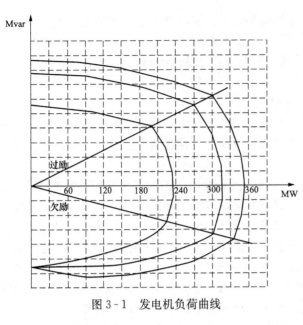

图 3-1　发电机负荷曲线

在这种方式下或在容量限制曲线的范围内长期连续运行。正常运行时，不允许超过发电机铭牌的额定数据运行。

（2）带负荷速度。发电机在容量曲线范围内的任何负荷下运行都是允许的。原则上其负荷变化速度遵照发电机负荷曲线。发电机负荷曲线如图 3-1 所示。

（3）电压和频率变化范围。当功率因数为额定时，电压在 ±5％ 和频率在 ±2％ 内变化，发电机允许连续输出额定功率。但当频率在 +3％～−5％ 变化时，发电机虽允许输出额定功率，但每次运行时间不超过 8h 且每年不超过 10 次。

（4）最大连续出力条件。机组最大连续功率为 330MW（388MVA），其限制条件为：

1）氢压 0.25MPa。

2）氢气冷却器进水温度 20℃。

3）冷却器出水温度≤27℃。

4）发电机冷氢温度≤30℃。

5）厂内环境温度≤30℃。

（5）发电机进相运行。发电机进相运行时，运行参数不得超过进相实验确定的进相深度值。调整应小心，防止过调。进相运行时，应注意相邻运行机组参数的变化。

（6）调峰能力。调峰运行时允许负荷变动范围：50％～100％。

（7）寿命。发电机每年允许启停 250 次，总计允许启停次数 1 万次。

3.3.2　发电机非正常运行方式

（1）短时过负荷能力。在事故状态下，发电机允许定子绕组在短时内过负荷运行，同时也允许转子绕组有相应的过负荷（过电压）。定子绕组承受短时过电流运行，满足公式

$$(I_*^2 - 1)t = 37.5(s)$$

（2）一个氢气冷却器退出运行。任一组氢气冷却器退出运行，在氢冷器水系统正常工作的前提下可以带 80％ 的额定负荷。

（3）空冷方式运行。发电机不允许在空气冷却方式下运行；仅在安装、调试期间，进行动态机械检查时才允许短时在空气中运转。

空气中运转的前提条件为：

1）无励磁。

2）机内空气必须干燥，相对湿度小于 50％；压力为 3000～6000Pa；冷风温度 20～38℃。

3）冷却器通水。

4）保证密封油供油。

5）切断氢气分析器、差压表、拆开供氢管道。

（4）失磁运行。

1）在磁场回路被直接短路或用灭磁电阻短路情况下，发电机可以按规定失磁负荷曲运行一段时间：失磁后在 1.5min 内，负荷应由 100％降至 40％，最长失磁运行时间不超 15min。

2）由于励磁回路开路导致失磁时，励磁绕组易过电压，危及转子绝缘，此时应中止运行。失磁运行曲线如图 3-2 所示。

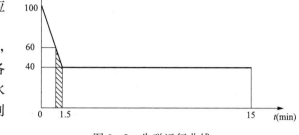

图 3-2　失磁运行曲线

（5）断水运行。发电机"断水"后，允许在额定定子电流下运行 30s（前提是各部温度不超限），在此期间仍未能恢复供水或定子绕组温度超规定值，则应立即解列灭磁发电机，将端电压降为零。

（6）强励运行。

1）电压响应比不小于 2/s。

2）强励顶值电压倍数为 2。

3）允许强励时间 10s。

（7）负序运行。

1）连续运行时：$I_2/I_n \leqslant 0.1$。

2）故障状态下：$(I_2/I_n)^2 t \leqslant 10$。

（8）发电机氢压变动时的允许运行方式：

1）氢压 0.1MPa 时（$\cos\varphi=0.85$）：200MW。

2）氢压 0.2MPa 时（$\cos\varphi=0.85$）：270MW。

3.3.3　发电机运行中的监视与维护

3.3.3.1　监视

（1）电气监视项目。

1）定子槽内层间温度。

2）定子绕组出水温度。

3）定子铁心温度。

4）机内各风区内的冷、热气体温度。

5）氢气冷却器出风温度（冷氢温度）。

6）集电环温度、集电环出风温度。

7）机座下面液位信号器中液位状态。

8）碳刷情况。

9）定子及励磁回路绝缘电阻。

10）定、转子电流/电压、周波、有/无功负荷。

（2）其他专业配合监视项目。

1）轴振、轴承振动。

2）轴瓦温度。

3）定子绕组进水温度。

4）冷却水质。

5）冷却水压力。

6）氢气湿度、纯度。

7）氢压（高于水压 0.04MPa）及氢温。

8）密封油压（高于氢压 0.056±0.02MPa），进、出油温。

9）润滑油压，进、出油温。

10）氢冷却器进、出水温，水压、流量。

3.3.3.2　发电机运行中的检查维护

（1）电流、电压、周期、负荷、氢质、水质、氢压、水压、温度及振动值在允许范围内。

（2）发电机本体清洁，周围无杂物、常设的遮栏及各消防设备完好。

（3）发电机各部运行正常，连接紧固、可靠，声音正常，氢、油系统无泄漏现象。

（4）励磁系统元件无过热、松动，开关位置正确，指示灯、风机正常。

（5）发电机机端电压互感器无异常。

（6）集电环、碳刷清洁且完整无损、接触良好，无振动、卡涩、冒火、过热现象并定期清洁。

（7）大轴接地电刷良好。

（8）轴承绝缘垫四周清洁，无金属短路现象。

（9）封闭母线外壳、TV柜、接地变压器、微正压装置运行正常，无过热和振动等异常现象。

（10）保护及自动装置运行正常，保护装置压板位置正确，无动作信号。

（11）运行中的发电机及氢气系统 10m 以内严禁烟火作业，特殊情况下如抢修时必须检测漏氢情况，确认气体混合比在安全范围内并监护工作且工作不超过 4h，如超过 4h，应重新进行检测化验（非事故抢修必须办理动火工作票）。

（12）发电机每运行两个月以上时，停机时应对发电机的线棒及引线进行反冲洗。

（13）发电机运行中定子通水线棒间温差不得超过 8℃。

3.3.3.3　集电环的检查维护

（1）检查电刷压力是否均匀、电刷型号应一致，刷辫与刷体之间是否松动。

（2）电刷在刷握中能够自由活动，无振动、跳动现象。

（3）电刷连接应牢固，无接地、短路现象。

（4）电刷不得过短，使用中的电刷长度短于新电刷长度的 1/3 时，应更换新电刷。

（5）加强电刷及引线测温检查。

3.3.3.4　调整或更换碳刷的注意事项

（1）转子一点接地时，转子两点保护将自动投入，此时禁止在励磁回路上工作。

（2）穿戴合格，禁止两手同时接触励磁回路或两极的带电部分，防止发生短路和接地。

（3）调整电刷时，先测量温度，防止烫伤。先从冒火轻微的电刷开始，逐个进行，不允许同时提起两个及以上电刷。防止电流分配不均。

（4）若冒火严重，应尽量降低无功后调整。同时注意人身安全防护，防止工具掉出。

3.3.3.5 冷却系统的检查维护

（1）冷氢温度维持在规定范围。

（2）氢气压力保持在规定范围内。

（3）采取措施防止氢气冷却器内水压过高（特别是关闭出水阀门时）。每个冷却器的水量及压力应均衡。

（4）在发电机各种负荷状态下维持定子绕组冷却水系统进水温度恒定。定子绕组冷却水进水温度应高于冷氢温度 2～5℃。任何情况下，定子冷却水及冷却器冷却水至少低于氢气压力 0.04MPa。

3.4 发电机的操作及注意事项

3.4.1 发电机的启动和并列注意事项

（1）发电机启动前的检查。

1）发电机组所属设备工作全部结束，全部安全措施拆除，恢复常设遮栏，工作票收回。

2）大修后的各种预防性试验和检修项目合格，检修人员撤离现场。

3）发电机本体各部、主变压器、厂用变压器、励磁变压器、TV、TA、避雷器、封母、引线、接地装置、励磁装置、整流装置、灭磁柜、保护柜等完好，清洁无杂物。

4）各母线、引线、连线、柜体接地、二次线接触良好、无松动。

5）发电机密封油系统无漏油、渗油现象，氢、油、水等各管路完好，着色正确，测温元件良好，指示正常，各标志明显。

6）冷却水系统水质、氢冷系统氢质正常合格，投入运行正常，冷却水泵联动试验正确。

7）封闭母线微正压装置投入正常。

8）发电机已充氢、各参数正常，各部运行正常。

9）发电机已通内冷水，各参数正常，各部运行正常。

10）配置的各消防设施齐全完好。

11）测量发电机及附属设备绝缘：绝缘电阻的测定在启动前和停机后进行。每次所测结果应记入绝缘电阻记录簿内，与上次比较不低于前次的 1/3～1/5，否则，应查明原因。

12）汇水管可靠接地。

（2）发电机试验。新安装或检修后的发电机应进行：

1）发电机-变压器组线保护试验。

2）断路器的跳、合闸试验。

3）主变压器/高压厂用变压器冷却器电源联动、主变压器冷却器联动试验。

4）机电炉大联锁试验。

5）保护预告及事故信号试验。

6）发电机断水保护试验。

7）大修后的空载特性等试验由检修负责（运行人员配合）。

（3）励磁系统投入前的检查。

1）所有检修工作结束，工作票收回，安全措施全部拆除。

2）没有相关报警和故障信息。

3）发电机及励磁相关回路上的临时地线拆除。

4）励磁系统各元件无松动，连接可靠，柜内外及盘面清洁。

5）各断路器位置正确。

6）励磁变压器检查无异常。

7）灭磁开关、调节装置检查无异常。

8）调节器电源和灭磁开关控制电源已送上。

9）各集成块、硅整流、过压保护器等无异常。

10）各励磁整流柜内电源送电正常，熔断器良好。

11）整流柜风机电源已送电，指示正常。

12）灭磁柜和功率柜就绪，柜门全部锁闭。

（4）发电机启动前检查与操作。

1）接地开关拉开，所有接地线拆除。

2）将发电机出口 TV 投入运行。

3）主变压器中性点接地开关推上。

4）发电机中性点变压器投入，隔离开关动、静触头接触良好。

5）发电机 - 变压器组保护投入。

6）主变压器、高压厂用变压器冷却装置投入运行正常。

7）定速后方允许合上发电机 - 变压器组线出口隔离开关（并网后方允许将高压厂用变压器工作电源小车推到工作位置）。

8）各操作、合闸、信号电源给上。

（5）发电机启动升速中的检查与操作。

1）检查冷却器通水投入正常，定子绕组及出线水路通水投入正常。定子绕组通水时，应先开汇流管上的排气阀，待空气排完后立即关闭。

2）投入密封油及顶轴油。

3）汽轮机冲转后，在 200r/min 以下，应检查机组振动、声音情况，无机械摩擦、碰撞等异常；在转速越过一阶临界转速后，升速过程中注意轴承振动等情况。

4）检查高压厂用变压器电源小车开关未在工作位置，投入其分支 TV。

5）转速达 1500r/min 时，检查发电机电刷无跳动、卡涩或接触不良，机组振动情况无异常。

6）转速达 3000r/min 时，检查轴承振动及冷却器运行情况，氢压、水压、密封油压正常。

7）调节冷却器进水量，使发电机两端进风温度基本相同，控制在 35～46℃，定子绕组进水温度控制在 45±3℃。

8）检查 380V 起励电源已送电。

9）作好升压，并列其他准备工作。

（6）发电机升压。发电机励磁升压操作分自动起励和手动起励。

自动起励：

1）稳定发电机 3000r/min 转。

2）检查 AVR、辅助励磁柜及灭磁柜电源已送上，复归辅助励磁柜上跳闸继电器信号。

3）当发电机 3000r/min 时，按下 CRT 励磁监控画面励磁系统"自动投入"按钮并确认。

4）按下 CRT 励磁监控画面发电机励磁"合闸"按钮并确认，灭磁开关闭合灯亮，检查整流柜风机运转正常。

5）按下 CRT 励磁监控画面上励磁"投入"按钮并确认投入。

6）经 5s 左右发电机电压至 $10\%U_e$，励磁系统自动切换由励磁变供电。

7）经 22s 左右电压至额定值，可用"励磁增""励磁减"按钮调整发电机电压与系统一致。

手动起励：

1）稳定发电机 3000r/min 转。

2）检查 AVR、辅助励磁柜及灭磁柜电源已送上，复归辅助励磁柜上跳闸继电器信号。

3）当发电机 3000r/min 时，按下 CRT 励磁监控画面励磁系统"手动"按钮并确认。

4）按下 CRT 励磁监控画面发电机励磁"合闸"按钮并确认，灭磁开关闭合灯亮，检查整流柜风机运转正常。

5）按下 CRT 励磁监控画面上励磁"投入"按钮并确认投入。

6）励磁系统自动切换由励磁变压器供电，手动增励将机端电压升至 20kV。

7）用"励磁增""励磁减"按钮，提升发电机电压至与系统一致（CRT 励磁监控画面"灭磁"按钮可对发电机进行灭磁）。

（7）发电机并列。

• 自动准同期并列：

1）检查发电机电压与系统基本一致，检查发电机频率与系统基本一致。

2）检查 MFC2068 的面板上的 K9 置于"远方"位置。

3）按下盘台同期装置电源按钮并复归 MFC2068 装置。

4）检查同期对象为对象 1。

5）将 DEH 系统操作画面"自动同期装置"投入。

6）成功并列后检查发电机出口断路器合上。

7）检查装置无异常告警。

8）断开同期装置电源。

• 同期并列时应注意：

1）频差、压差相差太大，不可并列。

2）并列时，若发生系统较大冲击现象，对系统详细检查，查明原因。必要时请示值长解列。

3）发电机与系统并列后，调整励磁，检查无功功率应有变化。

4）发电机并列后，监视发电机三相电流对称，调整无功在合适范围，稳定机组运行。

5）发电机并列稳定后，根据值长命令和主要辅机运行情况切换厂用电。

6）并网后，详细检查。注意各冷却装置，介质参数，无漏油、水、氢等现象。

7）自动准同期装置运行灯恒亮或恒灭时，不可并列。

8）自动准同期装置在同期时按下"RESET"键，会导致本次命令丢失。

3.4.2　发电机的解列和停机注意事项

（1）发电机正常情况下的解列。

1）随着有功减少，利用励磁操作面板上"增磁""减磁"按钮，逐步减少励磁电流和无功负荷。

2）根据值长命令和主要辅机运行情况，切换厂用电为启动备用变压器供电。

3）检查主变压器中性点隔离开关合上。

4）当发电机有功为零，无功接近于零（保持电流在 $300\sim500A$）时，断开发电机 - 变压器组线出口断路器。

5）按下"灭磁"按钮，发电机电压、转子电压、电流经 3s 后自动降至零。

（2）发电机紧急停机。

1）在危急设备和人身安全情况下，直接断开发电机 - 变压器组线出口断路器，断开灭磁开关，按下"灭磁"按钮，发电机电压、转子电压、电流经 3s 后自动降至零。

2）检查厂用电应联动正常，否则紧急抢修。

3）检查发电机组及保护动作情况。

（3）发电机解列后的操作。

1）发电机解列后，尽快拉开发电机 - 变压器组线出口隔离开关并将高压厂用变压器工作电源小车退至试验位置。

2）退出高压厂用变压器分支 TV。

3）停止励磁装置其余设备运行。

4）取下断路器、控制台、调节器等控制电源熔断器，待冷却后停止风扇运行。

5）测量发电机有关绝缘电阻记入记录簿内。

6）对系统进行全面检查无异常。

7）当转子温度下降到 50℃，可停止盘车。

8）停机后，机内若仍为充氢状态，密封油系统应保持正常。

9）检查集电环的磨损，必要时进行更换并定期更换集电环极性。

10）检查励磁系统，保护及自动装置正常，各熔断器完好。

11）检查电刷、集电环、弹簧、轴电刷等良好。

3.5　励磁系统运行与维护

3.5.1　UNTROL5000 自动/手动方式

励磁系统的每个通道都包括自动（自动电压调节方式）和手动（励磁电流调节方式）两种调节方式：自动方式，励磁调节系统自动调节发电机电压，维持机端电压恒定；手动方式，励磁系统自动维持恒定励磁（恒定励磁电流），此时根据发电机负荷变化必须人为预先调整励磁，保证机端电压恒定。

3.5.2　UNTROL5000 恒功率因数/恒无功调节的投入/退出

在发电机并网及励磁系统自动方式下，可切换到恒无功（Q）/恒功率因数调节（属

AVR 的叠加调节），对运行工况变化作缓慢反应。恒无功（Q）/恒功率因数调节有各自的给定值，在叠加调节退出时，其给定值总是跟踪当前无功功率/功率因数的实测值。在从电压调节切换到叠加调节瞬间，发电机运行点不会改变，只是随后用增减励磁命令调整叠加调节器给定值才能改变无功功率/功率因数。

3.5.3 UNTROL5000 电力系统稳定器 PSS 的投入/退出

电力系统稳定器 PSS 用于抑制发电机转子和电网的低频振荡，当发电机有功功率超过可预置的设定值，以及发电机电压在预先设定的范围内（90%～110%）时，投入 PSS。有功功率或电压超出设定、发电机解列时，切除 PSS。

3.5.4 保护功能特征

（1）过流保护：分反时限过流保护和瞬时过流保护。
（2）失励保护：发电机运行点超出稳定极限，失励保护动作，跳发电机。
（3）过励磁保护（V/Hz）：避免发电机组和励磁变压器铁心磁通过饱和，跳发电机。
（4）励磁变压器超温：分两段时限，t_1 报警，t_2 跳闸。
（5）电子控制板：程序执行故障（看门狗）自诊断功能。
（6）交流侧过压保护：整流桥交流装设带报警接点的熔断器。
（7）直流侧过电压保护：采用晶闸管跨接器 F02 完成直流侧过压保护功能。
（8）转子接地保护：采用电桥原理实现转子回路对地绝缘监视。
（9）可控硅整流桥故障监视：温度超限、风机故障，柜门锁闭，熔断器熔断等。
（10）过励磁/欠励磁限制：当励磁电流超出限制值时，过励/欠励动作闭锁励磁增减操作，同时自动减/增励磁电流在规定范围。

3.5.5 励磁系统运行方式

励磁系统有两个完全独立的调节和控制通道（通道 1 和通道 2）。两个通道完全相同，可任选通道 1 或者通道 2 为运行通道。投入自动时，备用通道总是自动地跟踪运行通道。

正常时两通道均应打至"自动"。两通道都故障时，应将整流柜切到"手动"方式，保持发电机运行。调节器和整流柜的"手动"方式均为非正常运行方式，应尽快处理恢复"自动"方式。在人为从运行通道向备用通道切换时，如果切换前瞬间发电机电压有变化，需要等待"跟踪平衡"信号发出，方允许切换（保证无扰动切换）。

3.5.6 励磁系统的自动/手动切换

"手动"与"自动"切换：正常运行时，按"手动"按钮并确认，励磁监控画面上"选择手动"灯亮、"选择自动"灯灭。反之按"自动"按钮并确认，励磁监控画面上"选择自动"灯亮、"选择手动"指示灯灭。

在自动方式中检测到故障，紧急切换到手动方式运行，在故障没有排除前不能切回到自动方式运行。如果手动方式发生故障，将闭锁从自动方式到手动方式的切换。

发电机以自动方式运行于允许的极限范围内，但该工况已经超出手动方式允许的运行范围内，手动调节器将无法跟踪自动调节器，手动通道的跟踪被闭锁，不能进行切换。

在人为从自动方式向手动方式下切换时，如果切换前瞬间发电机励磁电流有变化，等待跟踪平衡信号"自动/手动跟踪平衡"，即在切换完成前有短暂的延时，则在各种场合下都能实现无扰动"自动/手动"切换。

励磁系统提供两个独立的紧急后备通道。紧急后备通道只能调节励磁电流，不能调节发电机电压。紧急后备通道的电流调节器自动跟踪主通道，在主通道故障时自动实现无扰切换。从主通道向紧急后备通道的人为切换只能由保护等专业人员完成。

3.6 发电机事故处理

3.6.1 紧急情况下的规定

（1）当发电机有下列情况之一时，应紧急故障停机。

1）发电机有明显故障，保护拒动。

2）发电机内冒烟、着火或爆炸。

3）发电机组强烈振动超过允许值。

4）主变压器、高压厂用变压器、励磁变异常必须停运时。

5）发电机定子及引线漏水。

6）发电机严重漏氢。

7）危及人身安全。

（2）当发生下列情况之一时，请示值长故障停机。

1）发电机温度异常上升超过允许值，调整无效。

2）主变压器、高压厂用变压器、励磁变压器温度异常上升超过允许值，调整无效。

3）发电机 - 变压器组线出线断路器故障不能运行。

4）无保护时。

3.6.2 发电机异常处理

（1）发电机过负荷。当系统发生故障时，发电机允许短时间内定子线圈过电流及转子线圈过电压，过负荷能力详见表 3 - 10。

表 3 - 10   发电机过负荷能力

允许过载运行时间（s）	10	20	30	40	50	60
定子电流（A）	22206	17276	15283.5	14182	13479	12988
转子电压（V）	844	657	583	540	513	494

1）一般现象：

• 三相定子电流和发电机 - 变压器组电流增大。有功、无功负荷增大、电压基本不变。转子电压，电流增大。

• "对称过负荷"发信号。

2）处理：

• 减励磁电流，降低定子电流。

- 发电机事故过负荷运行时，密切注意各部温度不得超过允许值。

（2）发电机入口风温升高。

1）一般现象：发电机冷氢温度升高，定子线圈温度升高。

2）处理：

- 检查测量表计是否正常。
- 检查氢冷却器冷却水流量、压力是否正常。
- 检查氢压、氢系统是否正常。
- 如上述调整无效，请示值长减负荷。

（3）发电机升不起电压。

1）一般现象：发电机零起升压过程中，发电机励磁电流增加，定子电压升不起来。

2）处理：

- 检查测量回路、通信是否正常。
- 检查励磁回路是否有断线、短路现象。
- 检查发电机 TV 二次熔断器是否完好，一次熔断器是否松动或断线。
- 检查发电机 TV 一、二次连线是否松动或断线。
- 检查整流屏输出是否正常，硅管是否击穿。

（4）电刷及集电环冒火。

1）一般现象：集电环与电刷间出现火花，电刷温度升高。

2）处理：

- 检查电刷周围是否清洁，如太脏应用白布擦干净。
- 检查电刷是否太短或压力不足，调整压力或联系检修人员更换电刷。

（5）发电机氢压降低。

1）一般现象：发电机氢压低于 0.25MPa，但高于 0.1MPa，定子铁心温度升高。

2）处理：

- 监视各点温度不应超过允许值。
- 检查发电机氢压和定子冷却水压差不小于 0.04MPa。
- 调整发电机无功出力，减少发电机温升。

3.6.3 发电机事故处理

（1）发电机机端 TV 断线。

1）一般现象：

- "TV 断线"发信号。
- 若测量用 TV 断线，定子电压表、有功功率表、无功功率表指示下降。

2）处理：

- 退出该 TV 所接的保护压板，检查电压互感器一、二次熔断器是否熔断，正常后恢复。
- 若更换熔断器后仍又熔断，联系检修人员查找原因予以消除。

（2）发电机内冷水中断。

1）一般现象："发电机定子断水"信号发出，发电机温度升高。

2）处理：

- 若运行泵跳闸，立即启动备用泵，恢复发电机定子冷却水。
- 若断水超时保护未动或温度超限，手动解列灭磁。

（3）发电机转子回路一点接地。

1）一般现象："发电机转子一点接地"光字牌发信，转子正、负极对地电压不平衡。

2）处理：

- 励磁回路上有无工作。
- 对转子有关回路进行详细检查。
- 检查励磁回路两点接地保护应自动投入，联系检修人员查明原因，做好停机准备。
- 查找一点接地过程中，若机组发生严重欠励或失步，手动解列灭磁。
- 查找一点接地过程中，若发电机发生漏水，手动解列灭磁。

（4）发电机过电压。

1）一般现象："发电机过电压"信号发出，定子电压超规定上限值。

2）处理：

- 若已跳闸，应查明原因，消除故障后方可并网。
- 若未跳则手动灭磁（先灭磁，后解列）。

（5）发电机变电动机运行。

1）一般现象：有功反向，无功升高，逆功率报警。

2）处理：

- 逆功率若跳闸，应查明原因，消除故障后方可并网。
- 若到动作时限后逆功率仍未消除，请示值长解列。

（6）发电机转子回路两点接地。

1）一般现象：

- 转子电流表指示增加，转子电压表和发电机无功表指示降低。
- 发电机可能出现强烈振动。

2）处理：确系转子两点动作，手动紧急停机。

（7）发电机严重不对称运行（非全相）。

1）一般现象：

- 发电机负序电流较正常时上升明显，定子三相电流严重不对称。
- 并网或解列时非全相机率较大。

2）处理：

- 如出口断路器未跳，手动断开，无效时迅速联系省调用对侧断路器断开。
- 未断开非全相断路器前，不宜先灭磁。

（8）发电机漏水。

1）一般现象：发电机底部排污量增大，油中含水。

2）处理：

- 做好人身防护，从人孔门中观察汇水管接头处有无渗漏（现场有条件时）。若渗水或滴水，可降低进水压力（最低不得低于 2×105 Pa）和机组负荷电流，控制各部温度不超限。若降压后滴水减缓，请示值长停机处理。若降压后滴水不止则紧急停机。
- 若漏水严重呈喷水，立即紧急停机。

• 发电机漏水的同时，若伴有定子接地信号，立即紧急停机。

（9）发电机电流互感器 TA 断线。

1）一般现象：

• 定子三相电流指示不一致，故障相指示降低或到零。若测量用 TA 断线，有功、无功指示将下降。

• 发电机"电流断线"发信。

• 故障处可能伴有火花放电声或过热、冒烟等现象。

2）处理：

• 若仪表回路开路影响到发电机电负荷监视时，按照蒸汽流量、汽温汽压监视负荷。

• 如保护用 TA 二次断线，停用所带保护。

• 降低一次电流，防止二次感应高电压造成人身触电。

• 联系检修尽快消除故障。

（10）汽机主汽门关闭。

1）一般现象：

• "主汽门关闭"光字牌亮。

• 定子电流表、有功电流表、无功电流表指示为零，发电机与系统解列。

2）处理：

• 发电机逆功率保护应动作于发电机解列灭磁。

• 若转速急剧下降而机组未灭磁，立即手动灭磁。

（11）发电机爆炸起火。

1）一般现象：发电机有明火并爆炸。

2）处理：

• 立即紧急停机，向机内充二氧化碳排出氢气。用 CO_2 灭火器灭火，通知消防人员，但禁用泡沫及沙子。

• 尽量维持密封油及冷却系统运行，尽量维持 200r/min 连续盘车。

（12）发电机 - 变压器组出口断路器跳闸。

1）一般现象：发电机 - 变压器组线保护动作，主断路器跳闸。

2）处理：

• 检查厂用系统是否联动，否则手切工作电源开关，后投备用电源开关。

• 若厂用电自投正常，维持厂用母线电压。

• 保证保安电源正常运行。

• 检查保护动作情况，并详细记录（重要保护动作信号须值长同意方可复归）。

• 若人员误碰保护，检查无异后，升压并列。

（13）发电机定子接地。

1）一般现象：发电机"定子接地"信号发出。

2）处理：

• $3U_0$ 动作时，机组将全停。

• 若三次谐波动作时，立即检查以下内容：

a. 动作量和制动量值。

b. 发电机底部有无油水排出。

c. 发电机 TV 二次电压是否平衡。

d. 做好人身防护，检查一次系统所属设备有无异常。

e. 确系定子接地，请示值长停机处理。

· 查找接地过程中，若发电机发生漏水，手动解列灭磁。

（14）发电机非同期并网。

1）一般现象：发电机参数大幅变化，机组振动，"强励"可能动作。

2）处理：

· 如发电机已迅速拖入同步，各工况正常，可暂不停机，查明原因。

· 如发电机各参数及振动大幅变化，立即解列，查明原因。

（15）发电机振荡或失步。

1）一般现象：发电机电流、电压、有功，转子电压、电流等大幅摆动，机组周期振动并有节奏鸣声，强励可能动作。

2）处理：

· 调节器在"自动"时，密切监视发电机有功、无功、电压、电流等的变化。

· 调节器在"手动"时，手动增加励磁电流，降低有功负荷。

· 若失步保护动作解列，查明原因消除后可重新并网。

· 振荡时若需切换厂用，需瞬停切换。

3.6.4　励磁系统的事故处理

（1）发电机失磁。

1）一般现象：转子电压、电流为零，无功反向，定子电压下降，失磁信号发出。若机组已失步，转子电压、转子电流将出现周期性摆动。

2）处理：

· 若机组已跳，检查励磁回路，查明原因，消除故障后尽快将机组并网运行。

· 若保护未动而励磁无法恢复：

a. 由于励磁回路短路导致失磁，发电机可以按规定失磁负荷曲线运行一段时间，失磁后在 1.5min 内，负荷应由 100% 降至 40%，最长失磁运行时间不超 15min。

b. 由于励磁回路开路导致失磁，励磁绕组易过电压，危及转子绝缘，立即停机处理。

（2）整流屏故障。查明原因，排除故障。

3.7　发电机-变压器组继电保护及自动装置运行规程

3.7.1　发电机-变压器组继电保护配置

（1）发电机-变压器组保护配置。

1）发电机差动：瞬动于全停。

2）变压器差动：瞬动于全停。

3）发电机-变压器组差动：瞬动于全停。

4) 主变压器瓦斯保护：投"跳闸"时瞬动于全停。

5) 定子匝间：瞬动于全停。

6) 发电机阻抗：瞬动于全停。

7) 励磁回路接地：两点接地瞬动于全停，一点接地动作于信号。

8) 励磁变压器差动：瞬时动作于全停。

9) 励磁变压器速断：瞬时动作于全停。

10) 高压厂用变压器差动：瞬时动作于全停。

11) 主变压器压力释放：动作于信号。

12) 高压厂用变压器瓦斯保护：投"跳闸"时瞬动于全停。

13) 高压厂用变压器压力释放：动作于信号。

14) 励磁系统故障：瞬时动作于全停。

15) 热工保护：瞬时动作于全停。

16) 励磁变压器温度高：动作于信号。

17) 定子接地（$3U_0$）：延时动于全停。

18) 定子断水：延时动作于全停。

19) 励磁变压器过流：延时动作于全停。

20) 主变压器间隙零序：延时动作于全停。

21) 主变压器阻抗：延时动作于全停。

22) 误上电：延时动作于全停。

23) 闪络：延时动作于全停。

24) 高压厂用变压器复压过流：延时动作于全停。

25) 主变压器冷却器全停：动作于信号。

26) 程跳逆功率：延时动作于解列灭磁。

27) 逆功率：延时动作于解列灭磁。

28) 定子过压：延时动作于解列灭磁。

29) 失步保护：延时动作于解列灭磁。

30) 非全相：瞬动于发电机解列。

31) 发电机复压记忆过流：瞬动于发电机解列。

32) 启停机：瞬时动作于灭磁。

33) 发电机不对称过负荷：反时限动作于程序跳闸。

34) 主变压器零序：第一时限动作于解列，第二时限动作于全停。

35) 发电机对称过负荷：定时限动作于减出力，反时限动作于程序跳闸。

36) 发电机失磁：一时限减出力，二时限程序跳闸和切换厂用电源。

37) 发电机过励磁：低定值减励磁，高定值动作于程序跳闸。

38) 励磁绕组过负荷：定时限动作于减励磁，反时限动作于全停。

39) A 分支限时速断：延时动作于 A 分支解列。

40) A 分支过流：延时动作于 A 分支解列。

41) A 分支零序过流：第一时限动作于 A 分支解列，第二时限动作于全停。

42) B 分支限时速断：延时动作于 B 分支解列。

43）B 分支过流：延时动作于 B 分支解列。

44）B 分支零序过流：第一时限动作于 B 分支解列，第二时限动作于全停。

45）高压厂用变压器冷却器故障：动作于信号。

（2）全停、解列灭磁、解列和减出力的保护装置的解释。

1）全停：跳发电机 - 变压器组线出口断路器，关闭主汽门，跳开灭磁开关 MK、高压厂用变压器 A/B 分支工作电源开关，启动备用变压器 A/B 分支备用电源开关快投。

2）解列灭磁：保护动作出口跳发变线出口断路器，汽轮机甩负荷，跳开灭磁开关 MK、高压厂用变压器 A/B 分支工作电源开关，启动备用变压器 A/B 分支备用电源开关快投。

3）解列：保护动作出口跳发电机 - 变压器组线出口断路器，汽轮机甩负荷。

4）减出力：将汽轮机出力减到给定值。

5）程序跳闸：保护动作后关闭主汽门。

具体跳闸动作情况见表 3 - 11。

表 3 - 11　　　　　　　　　　具 体 跳 闸 动 作 情 况

保护动作情况	高压侧断路器	启动失灵	关主气门	跳高压厂用变压器A分支	跳高压厂用变压器B分支	跳灭磁开关	启动A分支快切	启动B分支快切	减出力	减励磁	闭锁A分支快切	闭锁B分支快切	对应保护
全停	√	√	√	√	√	√	√	√					发电机差动、匝间、定子接地 t、转子两点接地、发电机阻抗、发电机 - 变压器组差动、主变压器差动、主变压器零序过流 t_2、主变压器间隙零序 t、主变压器阻抗 t、误上电 t、闪络 t、高压厂用变电器差动、高压厂用变压器复压过流 t、A 分支零序过流 t_2、B 分支零序过流 t_2、励磁变压器差动、励磁变压器速断、励磁变压器过流 t 励磁绕组过负荷（反时限）、发电机 - 变压器组保护 C 柜非电量保护
解列灭磁	√	√		√	√	√	√						过电压 t、失步 t、逆功率 t_2、程跳逆功率 t
解列	√	√											主变压器零序过流 t_1、非全相
减出力									√				失磁 t_1、对称过负荷（定时限）
减励磁										√			过励磁（低定值）、励磁绕组过负荷（定时限）
程序跳闸			√										过励磁（高定值）、失磁 t_2、t_3、对成过负荷（反时限）、不对成过负荷（反时限）
切换厂用电				√	√		√	√					失磁 t_4
A 分支解列				√							√		A 分支限时速断 t、A 分支过流 t、A 分支零序过流 t_1
B 分支解列					√							√	B 分支限时速断 t、B 分支过流 t、B 分支零序过流 t_1

注　t 表示保护动作延时。

3.7.2　DGT801 发电机 - 变压器组保护装置

(1) DGT 801 保护特点。

1) 双电源双 CPU 系统硬件结构。保护 CPU1 和保护 CPU2 系统是完全相同但又完全独立的系统。每套系统可独立完成采样、保护、出口、自检、故障信息处理和故障录波等全部功能。管理 CPU,实现与保护 CPU 的信息交互和人机界面控制。

2) 双 CPU 并行处理技术。正常情况下,同一组信息和数据由两个保护 CPU 系统同时进行同样的处理和判断,"与"门出口,当一个保护 CPU 系统出现故障,自检电路告警信号,该 CPU 退出出口组合,另一正常的保护 CPU 仍可以单独运行,完全胜任所有的保护任务。

3) 双回路直流电源供电。两个保护 CPU 系统有独立电源模件供电,管理 CPU 系统有自己的电源模件和电源空气开关,实现双回路供电。

4) 保护压板和出口压板独立设置,状态明确。每个出口的保护设有投退压板(保护压板),上方有状态指示灯直观反映其状态。每个出口回路装设投退压板(出口压板)。一般保护压板为弱电回路,出口压板为强电回路。

(2) DGT 801 保护装置用户界面监视与操作。

1) 用户界面。DGT801 保护装置人机界面由液晶显示通过触摸操作实现对保护的运行监控功能。

保护退出时保护压板有明显断口,压板状态在上方均有明显指示灯指示,而且压板状态在界面均可以监视。10.4 寸大屏幕真彩液晶、触摸屏界面。装置预留 GPS 接口,可进行GPS 对时。外部开关均有明确的信号灯标识,保护动作跳什么开关一目了然,保护的任何出口信号都会在面板上(信号灯)和信号触点上有直观的反映。同一保护的不同保护逻辑可以不共用信号灯和信号触点。

2) 监视与操作。

• 合上保护 CPUA&CPUB 和液晶 CPUC 的电源,给装置上电,开放装置面板上的液晶电源。装置运行灯闪 ,CPUC 开始启动,读取保护 CPU 信息。在人机界面上自动显示开机界面。

• 开机画面后,自动进入主画面,主画面左侧为工程的保护配置,点击某一保护,将进入此保护的"保护监视与定值"界面,可实时监视保护的定值,保护出口信号,保护相关的计算值。右侧为一系列主菜单,每个主菜单又包含通道显示、状态监视、采样值、定值整定、事件记录、出口联动、保护投退、其他功能等多个操作。右下角显示双 CPU 系统的内部通信状态,以及装置与后台管理机的通信状态是连接还是断开。

• 在主画面窗口的左侧,显示的是工程配置的所有保护列表。如果要对某一保护进行监视时,可点击该保护,进入"保护监视和定值"界面。正常运行时,信号灯显示为暗绿色;一旦被保护系统发生异常保护动作时,相应的信号灯将变为红色并保持,且与装置面板上的信号灯一致。保护动作返回后,可通过"信号复归"按钮使信号复归。如果保护动作一直存在,"信号复归"按钮无效。

注意:软件界面的"信号复归"按钮可同时复归软件界面和装置界面的信号灯;而装置面板上的"复归"按钮只复归面板上的信号,对界面的信号灯无效。有某些经常启动的保护，如通风保护，其信号不是自保持的，对于这样的保护信号，一旦故障消失，信号灯就会立即返回。保护运行参数是指保护运行过程中受监视的电量，如在差动保护中的差流、制动电流，负序电压等。如果显示内容比较多，界面右下角会自动产生两个按钮，分别是"上一行""下一行"按钮，用户可查询更多内容；如果需要切换到其他保护的监视界面，用户可通过界面右上角的"上一页""下一页"按钮实现"保护监视与定值"的切换。也可以通过左下角的"返回"按钮，回到主画面，点击其他保护名称，进入新的"保护监视与定值"界面。

·状态监视。可监视信号状态、开入状态、出口状态和压板状态。界面默认为信号监视状态，点击功能键，可切换到其他监视界面。信号状态：窗口罗列了所有保护的信号名称，正常时为暗绿色，保护动作后变成红色并保持。

开入状态：窗口罗列了工程所有开关量的名称和状态。当开关触点闭合时，开关量状态中相应的图示为"闭合"；反之，接点打开时图示为"打开"。

出口状态：窗口罗列了所有跳闸出口的名称和状态。当保护出口跳闸时，相应跳闸开关的信号灯变红；正常运行或保护动作只发信号不出口时，信号灯为暗绿色。这与面板上的出口跳闸灯——对应，同步点亮或复归。注意：出口灯不保持。

压板状态：保护出口跳闸的投退压板状态，与装置的压板——对应。图示分为两种，即"连接"和"断开"，当某个出口信号的投退压板被拔出后，对应的图示将变成"断开"。

·采样值。保护通道的瞬时采样值，含 2 个周期 24 个采样值。界面只显示某一 CPU 的采样值，点击右下角的"CPU 切换"按钮切换到另一 CPU 界面，界面上显示的窗口弹出时刻的采样值，值是不变的。点击右下角的"刷新"按钮可得到当前时刻的采样值。点击"打印"按钮，可打印出本工程配置的所有通道采样值。

·事件记录。事件记录有两种，即保护动作事件和装置操作事件。

点击保护动作事件报告的按钮，可进入"详细动作事件记录"，此处详细列举了保护动作的 CPU 名称、保护名称、信号名称、动作事件、动作保护参数等。当出现新的保护事件时，主画面的"事件记录"图标旁会自动出现"New"的提示，提示保护人员查阅新的保护动作事件记录。保护人员进入查看新的动作事件报告后，返回主画面，"New"的提示消失。

·保护投退。没有投入运行（即退出运行）的保护，对外部输入的模拟量和开入量不进行计算和判断，不会导致保护动作。换句话说，退出运行的保护处于冷备用状态。窗口显示了工程所有保护的投入状态。信号灯为暗绿色，表示保护退出；信号灯为亮绿色，表示信号投入。

·其他功能。此窗口有 5 个功能：修改时钟、硬件自检、修改密码、打印设置和重启系统。

硬件自检：保护装置上电后，CPU 中内含的自诊断程序就开始运行，它不断巡检 CPU 系统中硬件的各个功能部分，一旦发现有异常情况，系统将启动装置故障时的处理机制：双 CPU 中的故障 CPU 系统从并行运行中切除，另一套正常 CPU 系统转为独立运行，使得现场系统运行不失去保护，并发出"装置故障"告警信号。硬件自检包括 CPU 板、开入板、直跳板和 I/O 板；硬件自检有 4 种状态，即正常、不正常（故障）、未知（通信异常）和不存在（硬件不存在）。

打印设置：界面提示"动作事件自动打印"，点击空心框，转为实心框状态即为自动打印状态，一旦保护动作，有新的事故报告，就会自动启动打印机打印事故报告。

重启系统：点击"重启系统"按钮，CPUC（管理单元）系统重新初始化，读取保护CPU的配置信息。它不会影响到保护CPU的正常工作。

修改时钟、修改密码见《DGT801数字式发电机变压器保护配置操作说明书》。

（3）日常维护工作。

1）巡查面板，各指示灯应正常：装置故障灯应不亮；自检闪光灯应正确，闪动频率为1～2Hz；电源指示灯应正常；确认保护出口投退压板正确，有关保护已经投入，有的保护需要退出的应正确退出。

2）查阅人机界面，各种信息应正常：保护双CPU与监控CPU通信正常，无问号等异常指示；投运灯指示正确，确认有关保护已经投入；点击状态监视，开入量开合状态正常；保护出口投退压板指示正常；保护信号软指示正确；保护出口开合状态正常；点击液晶操作面板，巡查各保护，差流、功率、阻抗等信息无异常；面板主画面，无新的事故报告提示。

3）检查打印机有无输出。

3.7.3 自动准同期装置

（1）装置概述。MFC2061双微机自动准同期控制器采用高性能双微机（双CPU）结构，双机间互相独立，合闸结果由双机表决输出。MFC2061采用了模块化、结构化的设计思想，将全部软件分为采集模块、调节模块、同期预报模块、显示及键盘操作模块和通信模块5个主要模块。

（2）面板显示。面板显示包括下列3个部分：电子式整步表、LED状态指示、LCD液晶显示。

1）电子式整步表。此整步表实际上就是一个 $\Delta\phi$ 表，它反映的是 U_s 和 U_g 之间的相角差。整步表是一个环形的圆圈，在表的12：00位置设有合闸指示灯，此灯点亮的时刻和点亮时间的长短与MFC2061发出的同期合闸脉冲完全一致。当发光二极管顺时针方向点亮，表明 $f_g \geqslant f_s$；反之，表明 $f_g \leqslant f_s$；如果MFC2061内部经过了转角，则此表也经过了转角；装置在投电后，就立刻反映 U_s 和 U_g 之间的 $\Delta\phi$ 值，只是投电后初始转角值=0。

2）LED状态指示。状态指示区共有8个LED指示灯，它们分别是：允许、告警、运行、加速/减速、升压/降压、电源。

a. 允许：此灯由装置双微机系统的系统B点亮。当点亮时，表明系统B已具备同期合闸条件。一般情况下，"允许"灯点亮的时间将包含整步表上方"合闸"灯点亮的时间。

b. 告警：在启动装置接入同期过程后，有多种可能会导致装置无法完成这个同期过程，这时装置的报警输出会动作，同时此告警指示灯会点亮，引起报警的详细原因也会同时在液晶显示屏上以中文显示。告警指示灯点亮时，意味着同期过程已经异常结束。

c. 运行：运行灯的正常闪烁是装置正常运行的一个标志。正常情况下运行灯每秒闪烁1次；而当装置在同期过程中时运行灯每秒闪烁2次；如果出现其他异常闪烁或停止闪烁（长亮或长灭）都说明装置的运行出现了异常，应退出运行进行检修。

d. 加速/减速、升压/降压：加速/减速、升压/降压共有4个指示灯，它与装置的加速/减速、升压/降压的调节输出接点动作完全一致。

e. 电源：当装置通电后，此灯就应该点亮。

3）LCD液晶显示。装置在运行过程中，无论是否处于同期过程，任何时候出现故障都会在 LCD 显示屏上显示出中文的故障信息。装置在同期过程中，如果同期失败，LCD 显示屏上相应地会以汉字方式详细显示同期失败的原因。在同期失败时，同期告警输出继电器会动作，直至下次再启动装置同期，该继电器才会复归。

（3）键盘操作。装置的前面板上设有 9 个按键：复位、撤销、确认、＋、一、→、←、↑、↓。复位键等价于装置重新投电。除非认为确有必要，通常情况下不应使用此键。特别是正在同期过程时使用此键，将会造成同期过程的异常中断，并且此中断不产生任何告警。

装置的所有键盘操作都是在根菜单下进行的，唯一地按确认键可以由此初始状态进入到根菜单，而后所有的键盘操作至多只能回到根菜单，除非满足了初始状态的条件，LCD 的显示才会重新回到初始态的显示。

3.8 氢冷发电机的氢置换

3.8.1 技术要求

（1）电机气体置换采用中间介质置换法。以氮气（N_2）或二氧化碳（CO_2）做中间介质，其中，氮气密度为 $0.00125g/cm^3$；二氧化碳密度为 $0.00197g/cm^3$；空气密度为 $0.00128g/cm^3$；氢气密度为 $0.00009g/cm^3$。

（2）用密度大的气体置换密度小的气体时，密度大的气体从发电机底部（CO_2）母管送入，密度小的气体从发电机顶部（H_2）母管排除，用密度小的气体置换密度大的气体时，密度小的气体从发电机顶部（H_2）母管送入，密度大的气体从发电机底部（CO_2）母管排除。

（3）发电机气体置换前应通知热工，停止热工信号电源、氢纯度表及自动补氢装置，断开转子一点接地保护交流电源，联系汽机值班员停盘车，停止内冷水泵运行。发电机本体上空吊车禁止运行，并要求汽机注意调整密封油压。

（4）发电机气体置换必须在低气压下进行，在置换为氢气前应了解氢站备有足够合格的氢气。

（5）气体置换监督标准：

1）用 CO_2 置换 H_2、CO_2 纯度大于 95％；N_2 置换 H_2、H_2 含量小于 3％。

2）用 CO_2 置换空气、CO_2 纯度大于 85％；用 N_2 置换空气，含氧量小于 2％。

3）用 H_2 置换 CO_2，含氧量小于 2％；用 H_2 置换 N_2，含氧量小于 2％。

4）用空气置换 CO_2，空气纯度大于 90％；用空气置换 N_2，空气纯度大于 90％。

3.8.2 用氮气（或 CO_2）置换空气的操作

（1）断空气的来源，检查系统阀门摆布正常，所有与大气直接连接的阀门均应在关闭位置，发电机内空气压力应为零。

（2）通知汽机运行人员监视调整密封油压，检查来氢阀门应关闭良好，用铜管将氮气瓶（或 CO_2 瓶）与发电机 CO_2 母管阀门（H-32～H-41）相连接。

（3）检查发电机 6m 层发电机氢气入口总门、CO_2 进气总门在开启位置，打开发电机 CO_2 母管上与氮气瓶（或 CO_2 瓶）连接的进气门，缓慢开启氮气（CO_2）瓶放气门，氮气

（CO₂）进入发电机；注意此时管路阀门易发生冻结，因此必须注意控制充气速度，用气体调节器阀门控制向机内充氮（或 CO₂）压力，充氮（或 CO₂）压力最高不得高于 0.3MPa。

（4）当机内压力升到 5kPa 左右时，打开氢气母管上取样门，此时应有气体排出，稍微打开发电机顶部排氢分门、总门。

（5）在充氮（或 CO₂）过程中，应维持机内压力为 0.01～0.03 MPa，1h 后应及时通知化学人员取样，直至合格为止，取样地点在充 H₂ 母管处。

（6）充氮气（或 CO₂）合格后将排氢门关闭，排除气体干燥器、氢气干燥器、密封油箱死角空气，还应排出 10m 层化学取样阀死角空气，排死角时间不低于 3min，排后恢复各阀门正常，并通知热工人员排压力表管内空气 3～5min，此时应维持机内压力。

（7）以氮气（或 CO₂）置换空气的工作结束后，应马上进行以氢气置换氮气的工作，以防机内氮气压力下降而进入空气。

3.8.3 用氢气置换氮气（或 CO₂）的操作

（1）氢气置换氮气过程中应使用铜制工具，禁止使用铁制工具，工作现场无明火作业。

（2）联系氢站向发电机供氢，开启来氢甲路或乙路阀门，监视充氢母管压力表指示应小于 1MPa。

（3）开启补氢旁路门往机内充氢，注意控制充氢速度，防止在管道变径处因氢气流速过高引起高热点，造成事故，并注意定期取样化验。当 H₂ 纯度不小于 90% 时，开启各排死角门、密封油箱取样门及冷凝式氢气干燥器放水门 5～10min；开启 CO₂ 母管上取样阀门，此时应有气体排出，打开发电机底部排大气门。

（4）用补氢旁路门控制机内压力在 0.01～0.03MPa。补氢过程中，如果充氢母管压力下降到 0.1MPa 以下，0.05MPa 以上时，应关闭补氢旁路门，通知氢站人员倒罐。

（5）置换 1h 以后，通知化学人员取样，直到合格为此，取样地点在充（CO₂）母管处。

（6）充氢合格并且关闭排大气门后，应排除气体干燥器、氢气干燥器、密封油箱死角氮气，还应排出 10m 层化学取样阀死角氮气，排死角时间不低于 3min，排后恢复各阀门正常，并通知热工人员排压力表管内氮气 3～5min，此时应维持机内压力。

（7）排死角结束后，通知热工投入热工信号电源，氢纯度表及自动补氢装置，投入转子一点接地保护交流电源。

（8）通知汽机人员监视密封油压，将机内氢压升到 0.1MPa，以后根据发电机所带负荷逐步提高发电机氢压。

（9）关闭补氢旁路门。通知氢站发电机置换结束，并对发电机进行详细检查应无明显漏氢现象，系统各阀门打开、关闭位置符合摆布要求。

3.8.4 用氮气（或 CO₂）置换氢气的操作

（1）通知热工，停止氢纯度表，热工信号电源及自动补氢装置，断开转子一点接地保护交流电源。

（2）检查系统阀门摆布正常，来氢甲路、乙路、补氢旁路门关闭良好，用铜管将氮气瓶（或 CO₂ 瓶）与 CO₂ 母管连接；调整氮气（CO₂）至发电机汇流门同时调节氮气（CO₂）瓶减压阀，使母管压力维持在 0.15～0.2MPa，排氢降压至机内氢压高于大气压 0.01～

0.03MPa 时，可开始充氮气（CO_2）置换机内剩余氢气；注意在降低氢气压力的过程中，及时调整密封油压，使之与氢气压力相匹配。

（3）通知汽机运行人员监视、调整密封油压，开启顶部排氢门排出机内氢气泄压，使机内氢压降到 5kPa 左右，开启氮气瓶（或 CO_2 瓶），向机内充氮气（或 CO_2），并保持机内压力在 0.01~0.03MPa。

（4）充氮气（或 CO_2）1h 后，通知化学人员取样，直到合格为止，取样地点在充氢气母管处。

（5）充氮气（或 CO_2）合格关闭排氢气空气门后，应排出氢干燥器、密封油箱、空气干燥器死角内的氢气，还应排出 10m 层化学取样阀死角氢气，排死角时间不低于 3min，排后恢复各阀门正常摆布状态，并通知热工人员排压力表管内氢气 3~5min，此时应维持机内压力。

3.8.5 空气置换氮气（或 CO_2）的操作

（1）通知锅炉，启动空气压缩机，检查气源良好（干燥不含水），用橡胶管将压缩空气管路与 H-5 入口连接好。

（2）开启压缩空气入口门向机内充干燥压缩空气，开启 CO_2 母管上取样门、检查有气体排除，打开发电机底部排污门。

（3）维持机内压力为 0.01~0.03MPa，30min 后通知化学人员取样，直至合格为止，取样地点在充 CO_2 母管处。置换结束后恢复系统阀门正常摆布状态。

（4）如停机检修时，通知汽机人员停止密封油泵，打开排氢气空气门、排大气门，将机内空气压力降为零。

3.8.6 注意事项

（1）进行 CO_2 置换工作时，应注意及时投入电加热装置。

（2）用 CO_2 作为气体置换中间介质时，严禁在发电机内长时间停留，应尽快置换为氢气或空气介质。

（3）气体置换所需气体容积见表 3-12。

表 3-12　　　　　　　　　气体置换所需气体容积

所需气体种类	被置换出发电机的气体种类	需要气体容积（m³）
CO_2（纯度>85%）	空气	180
H₂（纯度>96%）	CO_2	200
	发电机升氢压至 0.25MPa	210
CO_2（纯度>96%）	氢气	150

4 变压器运行规程

4.1 设 备 概 述

4.1.1 主变压器

发电机主变压器采用 SFP10 - 370000/230 型三相双绕组强迫油循环风冷无载调压升压变压器，为高原户外防污型。

4.1.2 高压启动/备用变压器

高压启动/备用变压器采用 220kV 三相分裂绕组自然油循环风冷有载调压降压变压器，其型号为 SFFZ - 40000/220 （幅向分裂），容量为 40/25～25MVA，调压范围为 $220\pm^{7\times1.5\%}_{9\times1.5\%}$、接线方式为 YNyn0 - yn0。

4.1.3 高压厂用工作变压器

高压厂用工作变压器采用 20kV 三相分裂绕组自然油循环风冷无载调压变器，其型号为 SFF10 - 40000/20，容量为 40/25～25MVA，调压范围为 $\pm2\times2.5\%$，接线方式为 Dyn1 - yn1。

4.1.4 6kV 厂用低压变压器

6kV 厂用低压变压器均采用 H 级绝缘 SCR 包封型干式变压器，变压器配置 GF 系列干式变压器用横流式冷却风机。

4.2 技 术 规 范

4.2.1 发电机 - 变压器组变压器

发电机 - 变压器组变压器技术规范见表 4 - 1。

表 4 - 1   发电机 - 变压器组变压器技术规范

设备名称	主变压器	高压厂用变压器	2 号启动/备用变压器
型号	SFP10 - 370000/230	SFF10 - 40000/20	SFFZ - 40000/220
额定容量	370MVA	40/25 - 25MVA	40/25 - 25MVA
额定电压	$230\pm2\times2.5\%/20$ kV	$(20\pm2\times2.5\%)/6.3 - 6.3$	$(220\pm^{7\times1.5\%}_{9\times1.5\%})/6.3 - 6.3$
短路电压	$U_d=14.27\%$	$U_d=15\%$	$U_d=18.5\%$
接线组别	YNd11	Dyn1 - yn1	YNyn0 - yn0
冷却器数	4 组	2 组	4 组
使用环境	户外	户外	户外
空载损耗		25.58kW	37.20kW

4.2.2 主变压器分接头参数

主变压器分接头参数见表 4-2。

表 4-2 主变压器分接头参数

分接头位置	高压侧电压（V）	高压侧电流（A）	低压侧电压（V）	低压侧电流（A）
I	241500	884.55		
II	235750	906.13		
III	230000	928.78	20000	10681
IV	224250	952.60		
V	218500	977.66		

4.2.3 高压厂用变压器分接头参数

高压厂用变压器分接头参数见表 4-3。

表 4-3 高压厂用变压器分接头参数

分接头	高压侧电压（V）	高压侧电流（A）	低压侧电压（V）	低压侧电流（A）
I	21000	1099.7		
II	20500	1126.7		
III	20000	1154.7	6300	2291
IV	19500	1184.3		
V	19000	1215.5		

4.2.4 启动备用变压器分接开关对应位置——电流/电压额定值

启动备用变压器分接开关对应位置见表 4-4。

表 4-4 启动备用变压器分接开关对应位置

分接头	高压侧电压（V）	高压侧电流（A）	分接头	高压侧电压（V）	高压侧电流（A）
1	243100	95	11	216700	106.57
2	239800	98.1	12	213400	108.22
3	236500	97.65	13	210100	109.92
4	233200	99.03	14	206800	111.67
5	229900	100.45	15	203500	113.48
6	226600	101.92	16	200200	115.35
7	223300	103.42	17	196900	117.29
8	220000	104.97	18	193600	119.29
9	216700	106.57	19	190300	121.36
10	216700	106.57	低压	6300	2291.1

4.2.5 6kV 变压器型号及参数

6kV 变压器型号及参数见表 4 - 5。

表 4 - 5   **6kV 变压器型号及参数**

变压器名称	型号	容量（kVA）	变比（kV）	接线	U_d（%）
低压工作变压器	SCR10 - 2000/6.3	2000	6.3±5%/0.4	Dyn11	10.1
照明变压器、检修变压器	SCR10 - 500/6.3	500	6.3±5%/0.4	Dyn11	4
公用变压器	SCR10 - 1600/6	1600	6.3±5%/0.4	Dyn11	7.86
输煤变压器	SCR10 - 2500/6.3	2500	6.3±5%/0.4	Dyn11	6
除灰变压器	SCR10 - 630/6.3	630	6.3±5%/0.4	Dyn11	4
除尘变压器	SCR10 - 2500/6.3	2500	6.3±5%/0.4	Dyn11	6

4.2.6 其他变压器型号及参数

其他变压器型号及参数见表 4 - 6。

表 4 - 6   **其他变压器型号及参数**

名称	发电机接地变压器	发电机励磁变压器	等离子点火干式隔离变压器
型号	ZXD	ZSCB9 - 3200/20	SGC9 - 200/0.38/0.36
容量	30kVA	3200kVA	200kVA
电压	20kV	20kV/900V	380/365V
电流		92.4A/2053A	304/316A
接线		Yd11	Dyn11
绝缘等级		F	F
冷却方式	自冷	自冷/风冷	自冷

4.3 变压器正常运行和维护

4.3.1 变压器的允许运行方式

（1）变压器在额定使用条件下可以长期连续运行。

（2）油浸式变压器最高上层油温按表 4 - 7 的规定运行。

表 4 - 7   **油浸式变压器最高上层油温**

冷却方式	冷却介质最高温度（℃）	最高上层油温度（℃）
自然循环自冷风冷	40	95
强油循环风冷	40	85

为防止绝缘油加速劣化，自然循环变压器上层油温不宜经常超过 85℃。

（3）干式变压器各部分的温升不得超过表 4 - 8 规定。

表 4 - 8 　　　　　　　　　　　　　　干式变压器各部分的温升

变压器的部位和绝缘	温升限值（℃）	测量方法
绕组为 A 级绝缘	60	电阻法
绕组为 E 级绝缘	75	电阻法
绕组为 B 级绝缘	80	电阻法
绕组为 F 级绝缘	100	电阻法
绕组为 H 级绝缘	125	电阻法
铁芯表面及结构零件表面	最大不得超过接触绝缘材料的允许温升	温度计法

（4）干式变压器 6 只风机分别置于线圈两侧，冷风直接吹进干式变压器绕组高、低压冷却气道。温控装置温度设定及调节范围见表 4 - 9。

表 4 - 9 　　　　　　　　　　　　温控装置温度设定及调节范围

项目	风机启动	风机停止	高温报警	超温跳闸
出厂设定（℃）	130	100	170	190
调节范围（℃）	110～150	80～120	150～190	170～210

（5）变压器的外加一次电压可比额定电压高，但不得超过相应分接头电压值的 5%。

（6）低压厂用变压器，其低压侧中性线电流不得超过低压绕组额定电流的 25%。

（7）为防止短路电流超过允许值，低压变压器不得长时间并列运行。

4.3.2　过负荷

（1）全天满负荷的油浸式变压器不宜过负荷运行。

（2）变压器存在较大的缺陷时（如冷却系统不正常、严重漏油、有局部过热现象、色谱分析异常等），不准过负荷运行。

（3）变压器事故过负荷后，应将事故过负荷的大小和持续时间记入运行日志。

4.3.3　变压器冷却系统运行

（1）主变压器冷却系统。

1）主变压器冷却系统有两个独立电源，一路工作，一路备用。工作电源故障时，自动投入备用电源。即将控制箱内的 1k、2k 投入，控制开关放在"工作Ⅰ"或"工作Ⅱ"位置。

2）主变压器并入电网时，冷却系统应能自动投入。当变压器负载达 75% 或顶层油温达 55℃左右时，辅助冷却器应能自动投入。

3）主变压器的四组冷却器运行方式：控制箱内的 2 组置于"工作"，1 组"辅助"，1 组"备用"，工作冷却应对称分布。

4）当主变压器工作或辅助冷却器故障时，备用冷却器自动投入。

5）主变压器的冷却装置，在主变压器停运后保持冷却器运行 0.5h。

6）主变压器运行中，冷却装置必须投入运行，当冷却器的两个电源全部消失而冷却器停止工作时，主变压器额定负荷下允许继续运行30min，上层油温尚未达到75℃时，允许上升到75℃，但最长运行时间不得超过1h。

7）冬天，为保证主变压器油泵安全可靠运行，应控制变压器顶层油温不低于10℃。

8）油浸风冷变压器在上层油温低于55℃时，可不启风扇在额定负荷下运行。

9）变压器在过负荷时，即使上层油温不达55℃，仍应将风扇开启。

10）主变压器冷却系统（风扇）定期轮换试验规定：每月1日14：00～20：00工作组互换（单月1、3组运行，双月2、4组运行），每月15日14：00～20：00备用和辅助互换。

11）每次开机前应进行一次主变压器冷却系统自动切换试验：两路工作电源联动试验、备用组自动投入试验并将结果记入运行日志。

12）化学人员应加强变压器油质管理工作并按规定定期进行取样分析。

（2）启动备用变压器冷却系统。启动备用变压器冷却系统设有两个独立电源，两个电源一路工作，一路备用。当工作电源发生故障时，自动投入备用电源。即将风冷主控制箱内的断路器QF1、QF2投入，控制开关1kk放在"工作Ⅰ"或"工作Ⅱ"位置。控制开关2kk放在"自动"位置。

（3）高压厂用变压器冷却系统。高压厂用变压器冷却系统设有两个独立电源，两个电源一路工作，一路备用。当工作电源发生故障时，自动投入备用电源。即将风冷主控制箱内的电源空气开关QF1、QF2投入，风扇空气开关1QF、2QF投入，控制开关1kk放在"工作Ⅰ"或"工作Ⅱ"位置。控制开关2kk放在"自动"位置。

4.3.4 变压器并列运行

（1）变压器并列运行条件。
1）电压比相等，相差不超过±0.5%。
2）阻抗电压相等，相差不超过±10%。
3）接线组别相同。
4）容量比不超过3：1。
（2）新装或变动过接线的变压器，并列运行前必须核定相位。

4.3.5 变压器中性点接地开关的运行

（1）主变压器和启动备用变压器充/停电、升压、并列等操作时，高压侧中性点接地开关必须投入。

（2）主变压器和启动备用变压器220kV中性点设置避雷器、放电间隙和接地开关，其中性点接地开关是否投入，按调度命令执行。

4.3.6 变压器分接开关的操作

（1）逐级调压，监视分接位置及电压、电流的变化。
（2）核对系统电压与分接额定电压间的差值，一般不高于该运行分接额定电压的105%。
（3）变压器有载分接开关在严重过负载或系统短路时不宜进行切换。

4.3.7　变压器投入运行前的检查

（1）工作票全部终结，安全措施全部拆除，现场清洁无杂物，遮拦及安全警示恢复。

（2）变压器一、二次设备完好，具备投运条件。检修交代明确（绝缘良好，预试项目合格）。

（3）继电保护及自动装置完好，保护人员交代明确。

（4）变压器和充油导管油位指示正确，气体继电器内充满油，油色透明。

（5）变压器本体、导管清洁无损，无漏油、渗油，防爆管隔膜无裂痕，干燥剂良好。

（6）散热器、储油柜、气体继电器及净油器口上、下部之间阀门应全开。

（7）变压器外壳接地良好，铁心接地套管可靠接地。

（8）变压器冷却器电源完好，风叶转向正确，风机上和风道上无异物。

（9）室内变压器应检查门窗完好，照明良好，无漏水。

（10）变压器投运前，检查分接开关是否在合适挡位。

4.3.8　测量绝缘电阻

（1）新安装、检修后的变压器投入运行前，相关部门应向运行提供变压器相关试验合格报告（含绝缘电阻测定值）。

（2）变压器只有在拉开全部与它直接连接的隔离开关方能测绝缘，测绝缘前后应放电。

（3）主保护动作后的变压器投入运行前，必须测定绝缘并将测得的绝缘值和测量时间记入运行日志及绝缘电阻记录簿。预防性试验不合格时严禁投运。

（4）测试项目。

1）各电压等级线圈之间的绝缘。

2）各电压等级线圈对地的绝缘。

3）检查线圈相间通路。

（5）测定阻值。

1）每千伏工作电压不得低于 $1M\Omega$（折算到 75℃时）。

2）吸收比（R_{60}''/R_{15}''）不得小于 1.3。

3）测量的阻值与前一次同等条件下相比不应低于 50%，未查明原因，不得投运。

4.3.9　强油循环风冷装置的操作

（1）主变压器检修后投入强油导向风冷装置运行前，应作下列检查。

1）每组潜油泵及风扇电机绝缘合格。

2）每组冷却器进出油联管的蝶阀及潜油泵出入口端蝶阀在开启位置。

3）逐组启动冷却装置检查。

4）冷却器Ⅰ、Ⅱ路工作电源联动、备用冷却器和辅助冷却器自投及各种信号正常。

（2）各组冷却器的检查项目。

1）潜油泵转向正确，运行中无杂音和明显振动，电机温升正常（潜油泵不准在无油情况下启动）。

2）风扇电动机转向正确，无擦壳。

3）冷却器总控制箱内及各分控制箱内继电器、接触器无跳跃现象。

4）冷却器各部无漏油现象。

（3）运行中变压器投入单组冷却器。

1）将重瓦斯保护压板改投信号位置。

2）打开该组冷却器上联管蝶阀。

3）打开该组冷却器下联管蝶阀。

4）打开该组冷却器上联管排气塞排气直至有油流出，关闭排气塞。

5）合上该组冷却器电源开关。

6）投入潜油泵试转。

7）油泵运转正常后，运行 4h，不来轻瓦斯信号，检查气体继电器无气后，将重瓦斯保护压板投入跳闸位置。

（4）严禁先启动潜油泵，后打开该组冷却器上下联管蝶阀或未停止潜油泵，即关闭该组冷却器上的上、下联管蝶阀。

（5）运行中更换冷却器潜油泵。

1）停止该组冷却器潜油泵。

2）关闭该组冷却器上、下联管蝶阀。

3）打开下联管放油阀放尽残油。

（6）运行中投入冷却器潜油泵。

1）将重瓦斯保护压板改投信号位置。

2）打开该组冷却器上联管蝶阀。

3）打开该组冷却器下联管蝶阀。

4）启动该组潜油泵运行 1min。

5）停止该组潜油泵静止 2h。

6）打开该组冷却器上联管排气塞排气。

7）投入该潜油泵。

8）运行 4h 不来轻瓦斯信号，检查气体继电器无气后将重瓦斯保护改投跳闸位置。

（7）强油循环风冷装置的有关蝶阀，排气操作及潜油泵转向检查，由检修人员负责。

4.3.10　变压器的试运行

（1）检查干式变压器的分接位置是否与铭牌和分接标志相一致。

（2）新安装变压器，在确定保护装置已经投入的情况下，应进行全电压空载合闸试验，使变压器承受操作过电压和励磁涌流考验。两次电压冲击之间间隔应大于 5min。无异常情况后，可以空载运行 24h。

（3）有载调压变压器，空载情况下将分接开关作一次循环操作。

（4）带上负载后，注意观察各部温度显示是否正常。

4.3.11　变压器瓦斯保护装置的运行

（1）正常运行时，瓦斯保护投"跳闸"位置。

（2）变压器运行中，重瓦斯与差动保护不得同时停用。

（3）变压器运行正常时，气体继电器的试验探针不得任意触动。

（4）运行中的变压器，当分管副总工程师同意，进行下列工作时，重瓦斯应改投"信号"位置，工作结束 4h 不发信号，立即将重瓦斯改投"跳闸"位置。

1）疏通变压器呼吸器及更换硅胶时。

2）开、闭气体继电器连接管上的阀门，或因放油放气（包括取油样）而开闭其他阀门时。

3）在气体继电器及其二次回路上有工作时。

4）变压器油泵及其管路检查后投入到运行中的变压器本体上时。

（5）新安装的或停电检修完毕的变压器在投入运行合闸充电时，应将瓦斯保护投入"跳闸"位置，再行冲击合闸。冲击合闸正常后，再将瓦斯保护切至"信号"位置，经 24h 运行，确认无气体/无异常后，方可将瓦斯保护投回"跳闸"。

（6）运行中的变压器带电滤油或加油时，应将瓦斯保护改投"信号"位置，再行加油或滤油；工作毕，经 24h 运行确认无气体/无异常，投入"跳闸"。

4.3.12　变压器正常检查项目

（1）油温和温度计应正常，温度计应在检定周期内，储油柜油位与温度相对应，无渗漏油。

（2）套管油位应正常，外部应清洁，无破损裂纹，无放电痕迹及其他异常现象。

（3）变压器声音正常，本体无渗油、漏油，吸湿器无变色。

（4）运行中的变压器各组冷却器温度应相近，导油阀开闭正确，风扇、油泵转动均应正常，油流继电器工作正常。

（5）各控制箱和二次端子箱关严，无受潮。

（6）引线接头、电缆、母线应无发热迹象。

（7）安全气道及保护膜（压力释放阀）应完好无损（巡检时注意保持安全距离）。

（8）有载分接开关的分接位置及电源指示应正常。

（9）干式变压器的外部表面应无积污。

（10）室内变压器应检查门窗完好，照明良好，无漏水。

（11）贮油池或排油设施保持良好。

（12）标示齐全，消防设施完好。

4.3.13　当发生下列情况时，应增加检查次数

（1）瓦斯信号发出时。

（2）变压器冷却装置故障时。

（3）高温季节、高负荷期间及过负荷时。

（4）气象突变（如大风、大雾、大雪、冰雹、寒潮等）后。

（5）雷雨后。

（6）新设备或经过检修、改造的变压器在投运 72h 内。

（7）有严重缺陷时。

4.3.14 变压器的特殊检查项目

（1）过负荷时：监视负荷、油温和油位的变化，接头接触应良好，加强测温检查，冷却系统运行应正常。

（2）大风天气：监视引线摆动情况及无搭挂杂物。

（3）雷雨天气后：监视瓷套管无放电闪络现象，重点监视污秽瓷质部分。

（4）下雪天气：根据积雪融化情况检查接头发热部位，处理冰棒。

（5）短路故障后：检查有关设备、接头无异状。

（6）熄灯检查：检查各接头处无发热烧红现象，套管无放电现象。

4.4 变压器异常及事故处理

4.4.1 变压器的紧急事故处理

变压器遇有下列情况之一者，应立即停用：

（1）危及人体生命的人身事故。

（2）变压器不正常声响明显增大，内部有爆裂声。

（3）严重漏油或喷油，无法看到油位。

（4）套管有严重的破损和放电现象。

（5）变压器冒烟着火。

（6）发生危及变压器安全的故障，保护拒动。

（7）变压器附近的设备着火，对变压器构成威胁时。

（8）在正常负荷和冷却条件下，上层油温急剧上升超过允许值。

（9）冷却装置故障无法恢复而使油温急剧上升超过规定值。

4.4.2 变压器的异常运行

（1）变压器过负荷。变压器过负荷时，应开启全部冷却器，转移负荷或切除部分负荷。

（2）变压器油温异常上升时。

1）检查变压器负荷，核对同负荷及同环境温度下的温度。

2）核对温度测量装置。

3）检查冷却装置。

（3）变压器油位降低，在外界温度和负荷未发生显著变化时。

1）检查变压器外部有无明显漏油处。

2）若散热器少量漏油，停止该组散热器运行。联系检修补油，视负荷和温度情况调整负荷。

3）检查过程中，禁止将瓦斯保护改投"信号"。

4）若运行中油位低需补油时，不宜从变压器下部补油。

（4）变压器油位升高。

1）核对环境温度及冷却介质温度是否发生了较大的变化。

2）检查变压器负荷是否正常。

3）检查变压器油温是否过高。

4）检查冷却器工作是否正常。

5）变压器内部声音是否正常。

（5）变压器假油位。确系假油位时，将瓦斯保护改投信号，及时联系处理。

（6）假油位一般原因。

1）变压器检修后投运前加油不符合要求。

2）储油柜存在一定数量的气体。

3）呼吸不畅。

4）胶囊袋破裂。

4.4.3　冷却装置异常

（1）强油循环风冷装置电源故障，"工作电源Ⅰ故障"或"工作电源Ⅱ故障"发信号。

1）若冷却器已切换至备用电源运行，查明工作电源故障原因。

2）若冷却器已经停止运行，立即切换工作电源，恢复冷却器运行。

3）冷却器电源自动切换回路有故障时，联系检修人员及时处理，不得拖延。

（2）强油循环风冷装置发"备用冷却器投入"信号时，查明跳闸的"工作"或"辅助"冷却器故障原因，消除后恢复。

4.4.4　变压器事故处理

（1）变压器断路器跳闸。

1）保护动作切除变压器后，在没有查明原因，消除故障之前不得恢复送电。

2）主变压器跳闸，应迅速判明故障范围，若系外部故障或误跳，则请示调度等待并列，内部故障则按全停处理。

3）厂用变压器跳闸，迅速查明备用变压器自投情况。只有当确认备用电源自投装置未动作时，方可手合备用电源开关一次，备用电源无论自动或手动投入不成功时，均不得再次强送。

4）无备用自投的厂用低压变压器跳闸时：

• 若系变压器内部故障，隔离故障变压器后，用联络断路器对母线送电。

• 若系外部故障，可将各分路拉开，隔离故障点后恢复变压器和本段母线的供电。

（2）变压器差动动作。

1）变压器差动保护动作，应对变压器本体及差动保护范围内的所有设备作详细检查。

2）拉开各侧隔离开关后测绝缘（必要时做预防性试验）。

3）若确系误动，请示总工退出差动保护，但瓦斯保护必须投"跳闸"。

4）若跳闸的同时，有明显的故障象征时，待查清故障并消除后方能投入运行。

5）若差动、瓦斯保护同时动作，在没有进行外部详细检查和试验前，严禁投运。

6）对有条件做从零升压试验的变压器，在并列前应从零升压。

7）无差动保护的变压器，速断保护跳闸时，按差动动作处理。

（3）变压器速断动作。

1）一般现象：

- 变压器速断保护光字牌发信。
- 变压器高、低压侧断路器均跳闸。
- 相关专业部分辅机跳闸。

2）处理：

- 无差动保护的变压器，速断动作时，按差动动作处理。
- 检查变压器连接线及引出线是否短路。
- 干式变压器检查线组是否变形或损坏。
- 隔离后测量变压器绝缘。
- 通知检修做进一步检查处理。

（4）变压器过电流动作。

1）一般现象：

- 变压器过电流保护发信。
- 变压器高、低压侧断路器均跳闸。
- 相关专业部分辅机跳闸。

2）处理：

- 检查变压器连接线及引出线是否有短路。
- 干式变压器检查线组是否变形或损坏。
- 测量变压器绝缘。
- 检查低压负荷是否有越级跳闸。
- 测量低压母线对地及相间绝缘。
- 若以上检查均无异常，对变压器充电，正常后对空母线充电，优先恢复重要负荷。

（5）变压器零序保护动作。

1）一般现象：

- 零序保护动作光字牌发信。
- 变压器高、低压侧断路器跳闸。
- 机炉辅机部分设备跳闸。

2）处理：

同上。

（6）瓦斯保护动作。

1）一般原因：

- 变压器油箱内部故障。
- 外部短路，导致油气大量分解。
- 油面严重降低。
- 气体继电器进水或保护回路故障。
- 大量气体进入油系统中。

2）处理：

- 检查变压器各侧断路器已跳闸，根据录波，追忆跳闸时电流、电压情况。
- 对变压器本体及油温、油位作详细检查。

- 检查压力释放阀有无动作，呼吸器有无喷油。
- 收集气体进行鉴别（点燃试验），若为可燃，不准放气，联系化学进一步取样作色谱分析。

（7）变压器着火。

1）迅速断开变压器各侧断路器（负荷转供），切断变压器冷却装置电源。

2）通知消防部门，灭火时，做好监护，防止触电。

3）若变压器内部故障引起着火时，严禁放油，以防变压器严重爆炸。

4）若变压器火势危急相邻设备时，将相邻设备停电。

5）对地面上的油着火时，严禁用水扑灭，应及时用干砂扑灭。

6）救火过程中，可使用泡沫灭火剂和1211、干粉或四氯化碳灭火剂。

7）若主变压器、高压厂用变压器着火，在机组停止惰走之前，应保持足够安全距离。

（8）变压器喷雾消防装置定期试验和日常维护由公司消防部门负责。

4.5　变压器继电保护及自动装置运行规程

4.5.1　主变压器保护配置

（1）主变压器保护采用2套微机型保护装置，均为GDGT801-879型保护装置，该装置由保护A柜及C柜组成（A柜、B柜为发电机-变压器组保护，C柜为非电量保护）。

（2）主变压器保护逻辑见表4-10。

表4-10　　　　　　　　　　　　　　　主变压器保护逻辑

保护名称 / 动作情况		高压侧断路器	关闭主汽门	高压厂用变压器A分支	高压厂用变压器B分支	MK	启动失灵	启动A分支快切	启动B分支快切	保护总出口	启动通风	信号	位置
主变压器差动		√	√	√	√	√	√	√	√		√	√	3LH/5、8LH/23、24LH
主变压器重瓦斯		√	√	√	√	√	√	√	√			√	变压器本体
主变压器轻瓦斯												√	变压器本体
主变压器零序电流	t_1	√					√						1LLH、2LLH
	t_2	√	√	√	√	√	√	√	√			√	
主变压器间隙零序		√	√	√	√	√	√	√	√			√	3LLH
主变压器阻抗		√	√	√	√	√		√	√			√	23、24LH
主变压器通风											√		11、12LH
主变压器压力释放		√	√	√	√			√	√	√		√	变压器本体
主变压器冷却器故障		√	√	√	√			√	√			√	就地控制回路
主变压器绕组温度跳闸		√	√	√	√			√	√			√	变压器本体
主变压器油温跳闸		√	√	√	√			√	√			√	变压器本体

4.5.2 高压厂用变压器保护配置

（1）高压厂用变压器保护采用 2 套微机型保护装置，均为 GDGT801-879 型保护装置，该装置由保护 A 柜及 C 柜组成（A 柜、B 柜为发电机-变压器组保护，C 柜为非电量保护）。

（2）高压厂用变压器保护逻辑见表 4-11。

表 4-11　　　　　　　　　　　　高压厂用变压器保护逻辑

动作情况 ＼ 保护名称	高压侧断路器	关闭主汽门	高压厂用变压器A分支	高压厂用变压器B分支	MK	启动失灵	启动A分支快切	启动B分支快切	保护总出口	启动通风	闭锁A分支快切	闭锁B分支快切	信号	位置
高压厂用变压器差动	√	√	√	√	√	√	√	√					√	2LH/7、11LH
高压厂用变压器重瓦斯	√	√	√	√	√	√	√	√					√	变压器本体
高压厂用变压器轻瓦斯													√	变压器本体
A分支零序过电流 t_1			√								√		√	1、2LLH
A分支零序过电流 t_2	√	√	√	√	√	√	√	√					√	
B分支零序过电流 t_1				√								√	√	3、4LLH
B分支零序过电流 t_2	√	√	√	√	√	√	√	√					√	
高压厂用变压器复压过电流	√	√	√	√	√	√	√	√					√	1LH
A分支过电流		√									√		√	6、7LH
A分支速断		√									√		√	6、7LH
B分支过电流				√								√	√	10、11LH
B分支速断				√								√	√	10、11LH
高压厂用通风										√			√	
高压厂用压力释放	√	√	√	√	√		√	√	√				√	变压器本体
高压厂用冷却器故障	√	√	√	√									√	就地控制回路
高压厂用油温跳闸	√	√	√	√	√		√	√	√				√	变压器本体

4.5.3 启动备用变压器保护配置

（1）启/备保护采用 GDGT 801-879 微机型保护装置。双重化，配置保护 D 柜和 E 柜，保护柜及启动备用变压器测控屏均设在电气继电保护室内。启动备用变压器 220kV 断路器为电气三相联动操动机构，三相操作箱布置在启动备用变压器保护 E 柜上。非电气量保护由启动备用变压器保护 D 柜完成。

（2）启动/备用变压器保护逻辑见表 4-12。

表 4 - 12　　　　　　　　　　　　　　　　　　启动/备用变压器保护逻辑

保护名称＼动作情况	跳高压侧断路器	跳I分支开关		跳II分支开关		启动失灵	跳母线联络断路器	启动系统失灵	启动通风	解除母线复压闭锁	信号	位置
		IA	IB	IIA	IIB							
启动备用变压器差动	√	√	√	√	√	√					√	1TA、2TA/12、13、16、17TA
启动备用变压器重瓦斯	√	√	√	√	√	√					√	变压器本体
启动备用变压器轻瓦斯											√	变压器本体
有载调重瓦斯	√	√	√	√	√	√						变压器本体
有载调压轻瓦斯											√	变压器本体
启动备用变压器压力释放											√	变压器本体
启动备用变压器复压过电流　t₁	√	√	√	√	√	√					√	220kV 母线 TV/1TA、2TA
启动备用变压器零序保护　t₁							√					启动备用变压器中性点 1LLH、2LLH
启动备用变压器零序保护　t₂	√	√	√	√	√							启动备用变压器中性点间隙 3LLH、4LLH
A分支零序过电流　t₁		√		√								启动备用变压器 A 分支 5LLH、6LLH
A分支零序过电流　t₂	√	√	√	√	√	√						
B分支零序过电流　t₁			√		√							启动备用变压器 B 分支 7LLH、8LLH
B分支零序过电流　t₂	√	√	√	√	√	√						
IA分支过电流　t		√										IA 分支 11TA
IB分支过电流　t			√									IB 分支 15TA
IIA分支过电流　t				√								IIA 分支 11TA
IIB分支过电流　t					√							IIB 分支 15TA
失灵　t₁							√					
失灵　t₂								√				
冷却器故障（暂投信号）											√	就地控制回路
温度高跳闸（暂投信号）	√	√	√	√	√						√	就地控制回路
启动备用变压器通风									√		√	启动备用变压器高压 8TA、9TA
启动备用变压器过负荷												1TA、2TA
断路器非全相	√						√			√		

4.5.4　励磁变压器保护逻辑

励磁变压器保护逻辑见表 4 - 13。

表 4 - 13 　　　　　　　　　　　　　　　励磁变压器保护逻辑

动作情况　　　　　　　保护名称	高压侧断路器	关闭主汽门	高压厂用变压器A分支	高压厂用变压器B分支	MK	启动失灵	启动A分支快切	启动B分支快切	保护总出口	信号	位置
励磁变压器差动	√	√	√	√	√	√	√	√		√	14、16LH/17、18LH
励磁变压器速断	√	√	√	√	√	√	√	√		√	14、16LH
励磁变压器过电流										√	14、16LH
励磁变压器温度高											变压器本体

4.5.5 厂用低压变压器保护

（1）低压工作变压器、电除尘变压器、输煤变压器均装设 SPAC2000 - 01F 微机变压器差动保护测控及 SPAC2000 - 01G 配电变压器保护测控装置。

（2）照明、检修、公用、除灰变压器，其高压侧为 F - C 回路，变压器内部相间故障靠高压熔断器保护，另设 SPAC2000 - 01G 微机配电变压器保护测控装置。

（3）厂用低压变压器保护配置见表 4 - 14。

表 4 - 14 　　　　　　　　　　　　厂用低压变压器保护配置

配置保护　　　名称	差动保护	三段式过电流	高、低压侧零序电流	零序过电压	过负荷
低压工作变压器	√	√	√	√	√
照明变、检修变压器		√	√	√	√
公用变压器		√	√	√	√
输煤变压器	√	√	√	√	√
除灰变压器		√	√	√	√
除尘变压器	√	√	√	√	√

4.6　DGT801 启动备用变压器保护装置

4.6.1　DGT 801 保护特点

（1）双电源双 CPU 系统硬件结构：保护 CPUA（O）和保护 CPUB（E）是相同但又完全独立的系统。每套系统可独立完成采样、保护、出口、自检、故障信息处理和故障录波等功能。管理 CPU 实现与保护 CPU 的信息交互和人机界面控制。

（2）双 CPU 并行处理技术：正常情况下，同一组信息和数据由两个保护 CPU 系统同时进行相同判断和处理，"与"门出口，当一个保护 CPU 系统出现故障，自检电路告警信号（自诊断界面中出现"？"或"×"），该 CPU 退出出口组合（值班人员应将柜上方对应故障保护 CPU 的电源空气开关断开），另一正常的保护 CPU 仍可以单独运行，完全胜任所有的保护任务。

（3）双回路直流电源供电：两个保护 CPU 系统有双回路电源供电，管理 CPU 有自己的电源模件和电源空气开关。

（4）保护压板和出口压板独立设置：每个需出口的保护设有投退压板（保护压板），上方有状态指示灯直观反映其状态。每个出口回路装设投退压板（出口压板）。一般保护压板为 24V 弱电回路（软压板），出口压板为 220V 强电回路（硬压板）。

（5）变压器差动特性：可以选择采用比率制动原理或标积制动原理。有极强的 TA 饱和判别能力。有极强的区外故障切除时防误动能力。对于变压器差动，可防止励磁涌流。

4.6.2　DGT 801 保护装置用户界面和监视与操作

（1）用户界面。DGT 801 保护装置人机界面由液晶显示，通过触摸操作实现对保护的运行监控功能。软压板退出后对应保护显示明显断口，压板状态指示灯熄灭。保护任何出口信号都会在面板上（信号灯）和信号接点上有直观的反映。

（2）监视与操作。详见 3.7.2 中"（2）DGT801 保护装置用户界面监视与操作"的"2）监视与操作"。

4.6.3　装置日常维护

巡视时关闭对讲机、手机等通信工具。

（1）巡查面板，各指示灯应正常：装置故障灯应不亮；自检闪光灯应正确，闪动频率为 1～2Hz；电源指示灯应正常；确认保护出口投退压板正确。

（2）查阅人机界面，各种信息应正常：保护双 CPU 与监控 CPU 通信正常，自诊断界面中无"?"或"×"等异常指示；投运灯指示正确，确认有关保护已经投入；点击状态监视，开入量开合状态正常；保护出口投退压板指示正常；保护信号软指示正确；保护出口开合状态正常；点击液晶操作面板，巡查各保护差流、功率、阻抗等信息无异常；面板主画面，无新的事故报告提示。打印机无输出。

4.6.4　启动备用变压器保护投切

（1）投入 220V 保护出口硬压板前应检查保护装置状态正常，无异常信号（必要时使用高内阻电压表测量其端子对地是否确无电压）；投入压板后应检查其接触是否良好，压板切除后断口开距应足够。

（2）启动备用变压器初次投运前，运行人员会同保护调试人员共同投入电气保护。

（3）设备投运正常后，启动备用变压器电气保护按照生技部规定投入。

4.7　SPAC2000 - 01F 微机变压器差动保护装置

4.7.1　功能介绍

（1）保护功能：差动速断保护、比率制动和二次谐波制动差动保护、二次谐波制动励磁涌流判别原理、TA 断线闭锁差动、差流越限告警。

（2）录波功能：装置具有故障录波功能，可在装置上查看故障录波数据、时间、名称等，进行故障分析，也可上传当地监控或调度。

（3）通信功能：装置具有 CAN 网络通信接口，方便与其他智能设备连接通信。

（4）自检功能：本装置具有完善的自检功能，能准确定位故障芯片。

4.7.2 操作说明

（1）对话界面（液晶显示屏）。

1）SPAC2000：装置系列号。

2）"差动保护装置"：装置名称。

3）01：表示该装置的通信地址。

4）2004 - 08 - 12、10：37：表示该装置运行时的时间。

5）QH：0：当前定值区，"0"表示当前定值区为 0 区。

（2）装置 Fault、Trip、Alarm、Aux 表示信号灯光指示状态。

1）Fault：装置正常运行时，该灯熄灭；灯长亮表示该装置自检时始终发现错误，故障消除后灯自灭。

2）Trip：装置正常运行时，该灯熄灭；当发生需出口跳闸的保护功能动作时该灯长亮；只有人为（远方或调度）复归后，灯才灭。

3）Alarm：装置正常运行时，该灯熄灭；当发生不需出口跳闸的保护功能动作时该灯长亮；只有人为（远方或调度）复归后，灯才灭。

4）Aux：装置正常运行时，该灯熄灭；当线路保护重合闸动作时该灯长亮；只有人为（远方或调度）复归后，灯才灭。

（3）Run、Com、O off、I on 表示信号灯光指示状态。

1）Run：装置正常运行时，该灯闪烁；灯长亮或长灭表示装置已停止运行不能正常工作。

2）Com：装置 CAN 通信正常时，该灯长亮，长灭表示装置通信已停止。

3）O off：装置跳闸回路监视信号指示灯。

4）I on 装置合闸回路监视信号指示灯。

（4）装置上的各种功能键含义。

1）ENTER：用于操作确认或保存数据或进入下一级菜单。

2）ESC：用于取消错误操作或返回上一级菜单。

3）＋：表示增加数值键。

4）－：表示减小数值键。

5）←：表示光标左移键。

6）→：表示光标右移键。

7）↑：表示光标上移键。

8）↓：表示光标下移键。

9）Reset：用于对"动作""预告"灯和保护动作信号的复归。

4.7.3 注意事项

（1）运行中禁止传动、切换定值区、更改装置地址。

（2）为防止装置损坏，严禁带电插拔装置各插件、触摸印制电路板上的芯片和器件。

4.8 SPAC2000-01G 微机配电变压器保护测控装置

4.8.1 功能介绍

（1）保护功能包括三段式过电流保护、高压侧零序电流保护、低压侧零序电流保护、零序过电压保护、过负荷告警、负序过电流保护、3 路非电量保护、TA 断线告警、控制回路断线告警。

（2）监控功能。

1）遥信：装置软件判断遥信有各种类型保护动作信号等。

2）遥脉：2 路脉冲电能输入，4 路计算电能。

3）遥测：F、U_A、U_B、U_C、U_{AB}、U_{CB}、$3U_0$、$3I_0$、I_A、I_B、I_C、P、Q、$\cos\varphi$ 可选择。

4）遥控：正常断路器遥控分合。

（3）录波功能。装置具有故障录波功能，可在装置上查看故障录波数据、时间、名称等，进行故障分析，也可上传当地监控或调度。

（4）通信功能。装置具有 CAN、RS485 等网络通信接口，方便与其他智能设备连接通信。

4.8.2 操作说明

（1）对话界面（液晶显示屏）。

1）左面图形：开关状态。

2）$U_A = 57.74$：模拟量循环显示。

3）01：表示该装置的地址。

4）2004-08-12、10：37：表示该装置运行的时间。

5）00：当前定值区；共有 5 个定值区，"00" 表示当前定值区为 0 区。

（2）装置 Fault、Trip、Alarm、Aux 表示信号灯光指示状态，详见 4.7.2 的（2）。

（3）Run、Com、O off、I on 表示信号灯光指示状态，详见 4.7.2 的（3）。

（4）装置上的各种功能键含义，详见 4.7.2 的（4）。

4.8.3 注意事项

详见 4.7.3。

4.9 TA 配置保护一览表（6kV 配电变压器）

低压工作变压器、输煤变压器、电除尘变压器 TA 配置保护见表 4-15。

表 4 - 15　　　　　　**低压工作变压器、输煤变压器、电除尘变压器 TA 配置保护**

保护名称	位置	变比	备注
差动保护	1LH、5LH	2000/5、4000/5	高/低
其他保护	2LH、6LH		高
测量	2LH、4LH、6LH	300/5、4000/5、4000/1	高/低/联
零序保护	1LLH		中

5 配电装置运行规程

5.1 设 备 概 述

5.1.1 SF₆ 断路器概况

LW10B-252 型 SF₆ 断路器为瓷柱式、单柱单断口断路器，其灭弧断口不带并联电容器，灭弧室采用单压式开距结构。该断路器每极均有一套独立的液压系统，可分相操作，实现单相自动重合闸；通过电气联动也可实现三相联动，实现三相自动重合闸。

5.1.2 小车断路器概况

6kV 工作电源及备用电源断路器采用 ZN65A-12/T3150-40 型真空断路器，负荷断路器采用 ZN65A-12/T1250-40 型真空断路器及 JCZ2-6J/400-4 真空接触器。

ZN65A-12 型户内高压真空断路器均采用弹簧操动机构拉长弹簧储能，储能电动机额定工作电压为直流 220V，正常工作电压范围为 85%～110% 的额定工作电压。额定工作电压下储能时间不超过 15s。

5.1.3 RMWI 断路器概况

RMWI 系列断路器适用于额定电压 400V、50Hz 的配电网中，该断路器带有智能脱扣装置。

5.1.4 隔离开关概述

GW₁₆-220D 型隔离开关采用垂直隔离断口，GW₇ 型隔离开关为三柱式、双断口隔离开关，用于 50Hz 高压线路在无载情况下切换线路。

5.1.5 封闭母线概述

发电机出口至主变压器及至高压厂用变压器高压侧采用离相封闭母线连接，高压厂用变压器及启动备用变压器低压侧采用共相封闭母线。为了防止发电机内氢气进入封闭母线内产生氢爆隐患，发电机引出线出口和封闭母线之间由电流互感器隔开，并留有部分排氢孔。

（1）发电机出口母线。

1）设备名称：全连式离相封闭母线。

2）型号及型式：离相、自然冷却、微正压充气。

（2）6kV 封闭母线概述。

1）名称：共箱封闭母线。

2）型号及型式：共箱、自然冷却，多点接地式。

5.2 技 术 规 范

5.2.1 断路器技术规范

断路器技术规范见表 5-1。

表 5-1 断 路 器 技 术 规 范

开关名称	型 号	额定电压（kV）	额定电流（A）	开断电流（kA）
220kV 断路器	LW10B-252GY	252	3150	40/50
	LW10B-252W（启动备用变压器）	252	3150	50
6kV 电源断路器	ZN65A-12/T3150-40	12	3150	40
6kV 负载断路器	ZN65A-12/T1250-40	12	1250	40
	JCZ2-6J/400-4	6	400	4.5
0.4kV 电源断路器	工作变压器 RMW1-3200/3	0.4	3200	
	公用变压器 RMW1-3200/3	0.4	2900	
	照明变压器、检修变压器 RMW1-1000H	0.4	1000	
	保安 RMW1-2000/3	0.4	1250	
0.4kV 母联断路器	工作段 RMW1-3200/3	0.4	3200	
	公用段 RMW1-3200/3	0.4	2900	
	隔离器 HA2-3200	0.4	3200	
0.4kV 负载断路器	KFM2-100H	0.4	100	
	KFM2-250H	0.4	250	
	KFM2-400H	0.4	400	
	RMW1-1600H	0.4	1600	
	RMW1-2000/3	0.4	630	
0.4kV 接触器	KFC2-32	0.4	32	
	KFC2-16	0.4	16	
	KFC2-95	0.4	95	
发电机灭磁断路器				
整流柜交流断路器				
励磁交流断路器				
励磁直流断路器				

5.2.2 隔离开关技术规范

隔离开关技术规范见表 5-2。

表 5 - 2　　　　　　　　　　　　　隔离开关技术规范

名称	型号	额定电压（kV）	额定电流（A）
发电机 - 变压器组出口	GW7 - 252Ⅱ DW	252	2500
启动备用变压器靠Ⅰ母侧	GW10 - 252DW	252	1600
启动备用变压器靠Ⅱ母侧	GW7 - 252W	252	1250
启动备用变压器中性点侧	GW8 - 110GW/400		
主变压器中性点	GW8 - 110W/630GW		

5.2.3　封闭母线技术规范

封闭母线技术规范见表 5 - 3。

表 5 - 3　　　　　　　　　　　　　封闭母线技术规范

项目名称	主回路	厂用分支	TV 避雷器及励磁分支
额定电压（kV）	20	20	20
设备最高电压（kV）	24	24	24
额定电流（A）	12500	2000	2000
相数	3	3	3
频率（Hz）	50	50	50
母线正常运行最高温度（℃）	＜90	＜90	＜90
母线接头最高温升（K）	＜65	＜65	＜65
外壳连续最高温度（℃）	＜70	＜70	＜70
冷却方式	自冷	自冷	自冷

5.2.4　共箱封闭母线基本参数

共箱封闭母线基本参数见表 5 - 4。

表 5 - 4　　　　　　　　　　　　　共箱封闭母线基本参数

项目名称	厂用回路	励磁交流回路	励磁直流回路
额定电压（kV）	6.3	0.9	0.455
最高工作电压（kV）	7.2		
额定电流（A）	3000		
相数	3	3	2 极
频率（Hz）	50	50	DC
母线运行最高温度	90	90	90
母线接头运行最高温（℃）	105	105	105
冷却方式	自冷	自冷	自冷

5.2.5　电压互感器（TV）技术规范

电压互感器（TV）技术规范见表 5 - 5。

表 5 - 5　　　　　　　　　　　　电压互感器（TV）技术规范

设备位置	型号	变比
220kV 出线电容式电压互感器	TYD220/$\sqrt{3}$ - 0.005GH	
发电机机端 TV	JDZX3 - 20	$20/\sqrt{3}/0.1/\sqrt{3}/0.1/\sqrt{3}/0.1/3kV$
	JDZX4 - 20	$20/\sqrt{3}/0.1/\sqrt{3}/0.1/\sqrt{3}/0.1/3kV$
6kV 母线	JDZJ - 6	$6/\sqrt{3}/0.1/\sqrt{3}/0.1/\sqrt{3}/0.1kV$
380V 母线	JDG - 0.5	380V/100V

5.2.6　电流互感器（TA）技术规范

电流互感器（TA）技术规范见表 5 - 6。

表 5 - 6　　　　　　　　　　　　电流互感器（TA）技术规范

设备位置		型号	额定电压（kV）	变比 A
220kV	出线	LCWB7 - 220GYW2		
	启动备用变压器			
6kV	电源负荷	LMZBJ4 - 10W1B	12	3150/5
		LZZB - 10W1B	12	75/5
		LZZBJ9 - 10W1C	12	2000/5//3000/5
6kV 零序电流互感器		LXZK2 - 0.5		
		LXZK6 - 0.5		
380V	工作段	BH - 0.66	0.4	4000/5
	380V 公用段	BH - 0.66	0.4	3000/5
	380V 照明段	BH - 0.66	0.4	1200/5
	380V 检修段	BH - 0.66	0.4	1200/5

5.2.7　测量 AT 变比

AT 变比见表 5 - 7。

表 5 - 7　　　　　　　　　　　　AT　变　比

	间隔名称	电流变比	间隔名称	电流变比
6kV	高压厂用变压器电源进线	3150/5	汽动给水泵前置泵	75/5
	循环水泵	300/5	照明变压器	75/5
	一次风机	300/5	输送空压机	75/5
	吸风机	400/5	补给水泵	75/5
	启动备用变压器电源进线	3150/5	环锤式碎煤机	75/5

间隔名称		电流变比	间隔名称	电流变比
6kV	电动给水泵	800/5	自动消防水泵	75/5
	凝结水泵	200/5	备用柜 A 段 27、28 柜	75/5
	送风机	200/5	除灰变压器	75/5
	电除尘变压器	300/5	斗轮堆取料机	75/5
	低压工作变压器	300/5	输煤变压器	300/5
	脱硫电源	1000/5	低压公用变压器	200/5
	磨煤机	75/5	锅炉上水泵	75/5
0.4kV 工作段	工作段进线	4000/5	炉 MCC 电源	200/1
	工作段分段	4000/1	法兰螺栓电加热器	200/1
	冷却水升压泵	300/1	除氧器循环泵	150/1
	工业水泵	300/1	机 MCC 电源	400/1
	磨煤机密封风机	400/1	机水环式真空泵	300/1
	给煤机 MCC2 电源	50/1	机保安 A 段电源	1500/1
0.4kV 公用段	公用段进线	3000/5	煤仓间 MCC	200/1
	公用段分段开关	3000/1	凝结水精处理加热器	200/1
	补给水提升泵	200/1	补给水提升泵房 MCC	75/1
	甲胶带机	400/1	循不水泵房 MCC	300/1
	乙胶带机	200/1	综合楼维修楼 MCC	400/1
	集控楼 MCC	200/1	化水辅楼 MCC	300/1

5.2.8　测量 TA 变比

TA 变比见表 5-8。

表 5-8　　　　　　　　　　　　TA　变　比

间隔名称		变比	穿心匝数	TA 变比
保安段	主机排烟风机	15/5	5	75/5
	小机盘车装置	15/5	5	75/5
	发电机主密封泵	20/5	4	80/5
	发电机密封油再循环泵	15/5	5	75/5
	火检冷却风机	20/5	4	80/5
	主机抗燃主油泵	75/5	1	75/5
	主机顶轴油泵	100/5	1	100/5
	小机交流主油泵	50/5	2	100/5
	真空泵密封油罗茨泵	75/5	1	75/5
	主机辅助油泵	150/1	1	150/5

间隔名称		变比	穿心匝数	TA 变比
保安段	磨煤机油泵	20/5	4	80/5
	送风机液压调节油站油泵	10/5	8	80/5
	主机抗燃油循环泵（2 号循环泵）	5/5	15	75/5
	电动给水泵辅助油泵	20/5	4	80/5
	事故照明 MCC 电源	300/5	1	300/5
	真空泵组水环泵	20/5	4	80/5
	主机盘车装置	30/5	3	90/5
	主机主油泵	150/5	1	150/5
汽机 MCC	3 号机凝结水补充水泵	30/5	3	90/5
	凝结水收集水泵	15/5	5	75/5
	发电机密封油烟净化装置	10/5	8	80/5
	小机油箱排烟风机	5/5	15	75/5
	轴封加热器轴封风机	50/5	2	100/5
	发电机定子冷却水泵	75/5	1	75/5
	除盐冷却水升压泵	20/5	4	80/5
	电源进线	400/5	1	400/5
锅炉 MCC	电源进线	200/5	1	200/5
	吸风机冷却风机	10/5	8	80/5
给煤机 MCC	电源进线	50/5	2	100/5
集控楼 MCC	电源进线	200/5	1	200/5

5.2.9 避雷器技术规范

避雷器技术规范见表 5-9。

表 5-9 避 雷 器 技 术 规 范

型号	额定电压（kV）	系统电压（kV）	持续运行电压（kV）	设备位置
YH5W-25/56.2	25	20	20	发电机端
TBP-A-7.6F/85	6	6		

5.2.10 高压熔断器技术规范

高压熔断器技术规范见表 5-10。

表 5-10 高压熔断器技术规范

设备名称	型号	额定电压（kV）	额定电流（A）
发电机出口 TV	RN4-20	20	0.5
6kV TV	RN2-10	10	0.5
F—C 回路	WFNHO	7.2	

5.2.11　液压机构规范

液压机构规范见表 5-11。

表 5-11　　　　　　　　　　　液 压 机 构 规 范

项目	LW10B-252W
额定工作压力（MPa）	26
贮压器预充氮气压力（15℃，MPa）	15
油泵启动压力（MPa）	25
油泵停止压力（MPa）	26
直流操作电源（V）	DC 220
油泵电机电源（V）	AC 380
加热器电源	AC 220
操作机构型号	LW10B-252W

5.3　配电装置正常运行与维护

5.3.1　SF$_6$断路器的正常运行与维护

（1）SF$_6$断路器的正常运行。

1）断路器正常运行时，各参数不得超过其额定值。

2）断路器的操作电压正常情况下允许在 220V（1±5%）范围内变动。

3）断路器操动机构的加热装置，在环境温度为 5℃ 以下自动投入运行，环境温度在 15℃ 以上自动退出运行。

（2）SF$_6$断路器送电前的检查和试验。

1）新安装或检修后的断路器投入运行前应做下列试验：

• 远方或就地拉合闸良好，位置指示正确。

• 电气和机械闭锁装置应动作可靠，断路器合、分闸、零压闭锁试验良好。

• 保护动作跳闸试验良好。

• 新装 SF$_6$断路器投运前必须复测断路器本体内部气体的含水量和漏气率，灭弧室气室的含水量应小于 150ppm（体积比），其他气室应小于 250ppm（体积比），断路器年漏气率小于 1%。

2）断路器送电前应做下列检查：

• 断路器各部套管无裂纹，破损。

• 断路器本体清洁，完整，无杂物，无渗、漏油。

• 断路器分合闸位置指示器正确。

（3）SF$_6$断路器运行中的检查。

1）SF$_6$断路器的正常检查项目如下：

- 断路器各部分及管道无异声及异味，管道夹头正常。
- 套管无裂痕，无放电声和电晕。
- 引线连接部位无过热、引线弛度适中。
- 断路器分、合位置指示正确，并和当时运行工况相符。
- 接地完好。
- 设备附近无杂物。

2）SF$_6$ 断路器液压机构的检查项目如下：
- 机构箱门平整、开启灵活、关闭紧密，保持内部干燥清洁。
- 检查油箱油位正常，无渗、漏油，元器件有无损坏。
- 高压油的油压、油位在允许范围内。
- 记录油泵启动次数。
- 机构箱内无异味。
- 加热器、驱潮装置正常完好。

3）运行中的 SF$_6$ 断路器由化学人员定期测量 SF$_6$ 气体的含水量，新装或大修后的断路器，每 3 个月一次；待含水量稳定后可每年一次。灭弧室气室含水量应小于 300ppm（体积比），其他气室小于 500ppm（体积比）。

5.3.2 6kV 真空开关/接触器的正常运行和维护

（1）送电前的检查。
1）各部套管无裂纹，破损。
2）连线、操动机构、各部销子无松动、脱落。
3）断路器分合位置指示器正确。
4）小车开关上、下触头，二次插件完整无损。
5）断路器本体及机构各部完整、清洁、无杂物。
6）接地完好。
7）检查 F—C 回路熔断器完好，熔断器规格和容量选择正确。
（2）运行中重点检查以下内容。
1）分、合闸位置指示与实际运行方式相符。
2）无放电及异常声响。
3）测温检查接触部分无过热。
4）箱门关闭紧密。
（3）弹簧机构检查。
1）储能电动机熔断器完好。
2）储能电动机，分、合闸线圈无冒烟异味。
3）开关在分闸备用状态时，合闸弹簧应储能。
（4）电磁机构检查。
1）分合闸线圈（合闸接触器）无冒烟、异味。
2）接线端子无锈蚀。
（5）真空开关/真空接触器的绝缘电阻用 2500V 绝缘电阻表测量，其值不低于历史数据的 50%。

(6) 断路器在运行中发生故障而远方控制失灵时，以及发生人身或设备事故，而时间不允许远方操作时方可允许就地脱扣，但要注意降低负荷电流，采取必要人身防护。对装有自动重合闸的断路器，在手动脱扣前应将重合闸解除。

(7) 手车开关推入工作位置后，检查机械闭锁良好。防止手车移位，触头接触不良烧损。

5.3.3　380/220V PC 及 MCC 柜的投运前检查

(1) 检查相关设备工作结束，工作票收回，安全措施拆除，现场无人工作。

(2) 检查 PC 及 MCC 柜本体及周围清洁无杂物。

(3) 检查 PC 及 MCC 柜各部件螺栓紧固，位置指示正确。

(4) 检查 MCC 柜二次插针完好无损。

(5) 检查 F—C 回路熔断器完好，熔断器规格和容量选择正确。

(6) 低压 400V 断路器的绝缘电阻用 500V 绝缘电阻表测量，其值不低于 $0.5M\Omega$。

5.3.4　断路器的特殊巡视

(1) 新设备投运的巡视检查，周期应相对缩短，投运 72h 后转入正常巡视。

(2) 夜间闭灯巡视按规定定期进行。

(3) 高温季节、高峰负荷期间应加强巡视。

5.3.5　母线及隔离开关的正常运行与维护

(1) 母线及隔离开关运行规定。

1) 正常运行时，母线及隔离开关的电流均不得超过额定值运行。

2) 金属导线、母线、隔离开关及熔断器容许温度为 70℃，当其接触面处有镀锡层时为 85℃，有镀银层时为 95℃。

3) 封闭母线允许最高温度为 90℃，外壳允许温度为 65℃，母线接头允许温度不大于 105 ℃。

4) 6kV 及以上母线、隔离开关对地绝缘电阻用 2500V 绝缘电阻表测定。

5) 380V 及以下母线、隔离开关对地电阻用 500V 绝缘电阻表测定。

6) 正常运行时，220kV 隔离开关方式应为"就地"，电动操作电源应断开，操作时方可投入。

(2) 母线及隔离开关送电前的检查。

1) 新安装或检修后的隔离开关试验项目均合格（含绝缘测试）。

2) 母线线夹及封闭母线外壳连接处无松动。

3) 母线及隔离开关各部完整、清洁、无杂物。

4) 母线各连接部分良好，接地装置良好。

5) 设备命名标志正确。

6) 支持绝缘子清洁、完整无裂纹。

7) 隔离开关操作传动杆完整、无脱落现象，分合位置指示器与实际相符。

8）隔离开关手动、电动操动机构完好。

9）隔离开关与接地开关的防误闭锁装置应良好。

（3）母线及隔离开关运行中的检查。

1）接触严密无过热，封闭母线外壳连接处无松动。

2）传动销子无断裂、脱落现象。

3）母线、隔离开关各部分支持绝缘子无裂纹、放电现象。

4）机构闭锁、防误装置良好。

5）室内母线、隔离开关不应有落水和蒸汽。

6）大风天室外母线及隔离开关引线上无杂物和严重摆动现象。

7）雨雾天气各绝缘子、隔离开关支持绝缘子无严重放电现象。

5.3.6　电缆的正常运行与维护

（1）电力电缆运行规定。

1）电缆正常工作电压不应超过额定电压的 15％。

2）电缆原则上不允许过负荷运行，紧急情况下允许短时过负荷，但应遵守下列规定：

• 对于连接变压器的电缆，其过负荷值和时间以变压器的规定为准。

• 电动机电缆以电动机过负荷规定为准。

• 其余电缆：3kV 以下电缆允许过负荷 10％连续运行 2h；6～10kV 电缆允许过负荷 15％连续运行 2h。

3）电缆绝缘电阻的规定。

• 6～10kV 电缆用 2500V 绝缘电阻表测量 1min，不低于 1 MΩ/kV。

• 400V 电缆用 500V 绝缘电阻表测量 1min 不低于 0.5MΩ。

• 任意两相绝缘值之比不得大于 2.5。

• 电缆与所属设备一起测量时，只要不低于所属设备的绝缘电阻允许值既可。

• 电缆测绝缘前后必须放电。

4）电缆的长期允许工作温度（℃）不应超过表 5 - 12 的规定。

表 5 - 12　　　　　　　　　电缆的长期允许工作温度（℃）

额定电压（kV）	3 及以下	6	10	20～35	110～330
天然橡胶皮绝缘	65	65			
粘性纸绝缘	80	65	60	50	
聚氯乙烯绝缘	65	65			
聚乙烯绝缘		70	70		
交联聚乙烯绝缘	90	90	90	80	
充油纸绝缘				75	75

（2）电缆送电前的检查。

1）测量绝缘电阻值应符合规定。

2）接头螺栓压紧。

3）油浸式电缆头不漏油。

4）电缆防护层接地良好。

5）新安装或检修后的电缆，相关试验项目合格（含绝缘测试），投运前需进行定相。

（3）电缆运行中的检查。

1）电缆及电缆头无漏油、溢胶、发热、放电现象。

2）电缆外皮温度不超过规定值。

3）电缆与其他设备连接处应紧固，无过热、变色现象。

4）电缆外皮完好、接地良好，无机械损伤，无锈蚀、渗油、胀起或凹痕。

5）电缆沟内无积水，无腐蚀电缆的物品及易燃物。

6）电缆层、沟中支架完好。

5.3.7　互感器的正常运行与维护

（1）运行规定。

1）正常运行时，严禁电压互感器二次回路短路；严禁电流互感器二次回路开路。

2）测定互感器绝缘：6kV 及以上 TV、TA 一次用 2500V 绝缘电阻表测量。二次回路及 380V TV、TA 用 500V 绝缘电阻表测量。

（2）电压、电流互感器送电前的检查。

1）新安装和大修的互感器相关试验项目合格（含绝缘测试），可能使相序变动的互感器需测定相序。TV 需定相，TA 需核对相位。

2）各部分清洁无破损，无妨碍运行的杂物，设备地基无下沉。

3）接线端子无锈蚀。

4）油色、油位正常，无渗、漏油现象；套管无裂纹。

5）电压互感器熔断器完好，熔断器规格及容量正确。

（3）电压、电流互感器运行中的检查。

1）运行声音正常，无放电痕迹，无焦臭味。

2）接头处不过热，二次接地良好。

3）TV 一次中性点接地良好。

4）干式 TV、TA 无流胶，外壳无破裂。

5.3.8　接地装置和防雷设备的运行与维护

（1）接地装置和防雷设备运行规定。

1）电气设备和装置，为防止绝缘损坏而危及人身和设备安全的金属部分，及为防止过电压而设置的避雷针、避雷器均应接地。

2）电机、变压器、断路器、隔离开关等电气设备金属外壳或机座、传动装置，互感器二次侧，配电装置金属构架、控制盘、电缆金属外皮、穿线钢管、避雷器（针）引下线，电气设备附栏等金属外壳应接地。

3）低压厂用变压器中性点直接接地的，低压电气设备外壳宜接地，并设有切除接地短路的保护。

4）大修后的避雷器投入运行前，其绝缘阻值不做规定，根据高压试验的结果决定。

5) 发生雷击事故后，应详细记录当时的运行方式，事故发生的地点、时间、现象、记录器动作情况。

（2）避雷器送电前的检查。

1) 接线无松动现象，器身无倾斜。

2) 套管应清洁完整、无破损及裂纹。

3) 均压环无松动现象、无锈蚀。

4) 接地装置良好。

5) 记录器良好，无锈蚀及损坏。

（3）避雷器运行中的检查。

1) 套管无裂纹及放电现象。

2) 记录避雷器放电记录器原始数值。

3) 雷雨时停止巡检或工作，禁止在避雷器附近停留。

4) 雷雨之后应注意避雷器外部无簌电痕迹，记录器无动作，内部无异常声响。

5) 大风天应注意避雷器、避雷针的摆动情况，引线、拉线牢固无损。

（4）配电装置电气设备在每次检修送电前，相关预防性试验或检修项目应合格。

5.4 配电装置的操作及注意事项

5.4.1 断路器的操作及注意事项

（1）断路器投入前应投入相关保护，合闸后注意表计变化，灯光监视转换正确。

（2）操作断路器时通知附近人员离开现场。

（3）拒绝跳闸或三相不同期的断路器严禁投入运行。

（4）断路器的操作。

1) 原则上检查断路器在断开位置必须是机构与位置指示器一致时，方可确认。当机构无法检查时，应结合保护测控装置及智能操控装置共同确认。

2) 高压断路器或小车开关禁止在工作位置（主回路带电）手动合闸。

5.4.2 6kV 小车开关机械五防

（1）车体位置。车体在开关柜内有两个锁定的位置（试验位置和工作位置）及一个中间位置。

（2）车体位置与开关的联锁。

1) 电气联锁。手车在试验位置与工作位置之间移动时，合闸回路没有接通，断路器也不会合闸，只有手车在试验位置或工作位置时，接通断路器合闸回路，断路器才能进行合闸操作。

2) 机械联锁。

·当车体上的断路器处于分闸状态时，车体才能离开试验位置或工作位置。

·当车体锁定在试验位置或工作位置时，车体上的断路器才能合闸。

（3）车体位置与接地开关的联锁。

1）当车体处于试验位置时，开关柜的接地开关才能合闸。

2）接地开关处于合闸状态时，车体不能离开试验位置向工作位置推进。

3）车体处于试验位置时，可进行合、分操作；当接地开关处于合闸状态时，迫使手车处于当前位置而不能移动。

（4）车体位置与柜门联锁。

1）只有柜门关闭时，才能对车体进行推进或抽出的操作。

2）只有当车体处于试验位置时，开关柜手车室的门才可以打开。

（5）活门（静触头帘板）与车体位置的联锁。

1）只有当开关柜的活门打开到安全位置时，车体才能进入工作位置。

2）车体处于试验位置时，活门应关闭。

（6）柜门与二次插头的联锁。

1）只有当车体处于试验位置时才能插拔二次插头。

2）如果没有插好二次插头，柜体门板不能关闭。

3）车体离开试验位置后，在向工作位置推进的过程中或到达工作位置以后，不能拔下二次插头。

（7）接地开关与电缆室后盖板间的联锁。只有当接地开关处于合闸状态时，电缆室的维修盖板才能打开。

（8）手车的推进联锁机构。除"五防"闭锁功能外，还与柜门设有联锁功能，只有关闭柜门后才能操作手车的推进或抽出。手车在工作位置时正常情况下柜门不能被打开。

5.4.3　KYN18C - 12 铠装型小车开关（仅规定原则性操作，具体步骤按定型票执行）

（1）从检修位置到试验位置。

1）用钥匙打开柜门，柜门开启应大于 $90°$，摆正辅助导轨。

2）将手车推到柜前对准柜体两侧的手车导轨，进车前检查断路器处于分闸状态、接地开关断开。

3）将手车推入柜内试验位置。

4）将手车推进机构锁定。

5）给上二次插件。

6）关上柜门并锁定。

7）进行相关检查。

（2）从试验位置到工作位置。

1）检查断路器和接地开关确已断开，柜门确已关好。

2）用钥匙插入柜门右边的锁孔，顺时针转动 $90°$。

3）将摇把从左边孔插入，顺时针摇动。

4）当手车到达工作位置后，取下摇把，顺时针转动钥匙 $90°$，锁定小车。

5）进行相关检查。

（3）从工作位置到试验位置。

1）检查断路器确已断开，柜门关好。

2）用钥匙插入柜门右边的锁孔，逆时针转动 $90°$。

3）将摇把从左边孔插入，逆时针摇动。

4）当手车到达试验位置后，取下摇把，逆时针转动钥匙 90°，锁定小车。

5）进行相关检查。

（4）从试验位置到检修位置。

1）检查小车在试验位置。

2）放好辅助导轨，柜门开启大于 90°，取下二次触头。

3）解除进车锁定，将小车拉出柜外。

5.4.4　RMWI 断路器操作（仅规定原则性操作，具体步骤按定型票执行）

（1）从"分离"位置到"连接"位置。

1）检查抽屉在"分离"位置。

2）用钥匙插入柜门左边的锁孔，顺时针转动 90°。

3）切断储能电源。手动按断路器机械合闸按钮，将断路器合闸，检查未储能。

4）手动按断路器机械分闸按钮，将断路器分闸。

5）检查断路器确已断开，柜门关好。

6）将摇把从中间孔插入，顺时针摇动。

7）检查抽屉在进车过程中位置指示从"分离"—"试验"—"连接"。

8）抽屉进至"连接"位置时，将摇把取出放入抽屉柜左下方的孔内。

9）合上储能电源进行储能。

10）用钥匙插入柜门左边的锁孔，逆时针转动 90°。闭锁机械合闸按钮。

11）柜门上方闭锁开关选择"远方"。

（2）从"连接"位置到"分离"位置。

1）认真检查断路器确已断开。

2）将摇把从中间孔插入，逆时针摇动。

3）检查抽屉在进车过程中位置指示从"连接"—"试验"—"分离"。

4）抽屉退至"分离"位置时，将摇把取出放入抽屉柜左下方的孔内。

5.4.5　母线及隔离开关的操作和注意事项

（1）母线送电时首先投入电压互感器（TV），停电时最后停电压互感器。

（2）隔离开关操作前应检查接地开关在断开位置，临时接地线拆除，断路器在断开位置。操作顺序：送电时先合电源侧，后合负荷侧；停电时先拉负荷侧，后拉电源侧。操作后应检查刀口接触是否良好。

（3）带电操的隔离开关，正常情况下必须电动拉合（携带应急手操摇柄）。电动失灵时，须经值长同意方可手动操作，操作时应注意手柄摇动方向及终断行程位置，防止损坏设备。尽量减少空载电容电流拉弧时间。

（4）隔离开关拉合过程中，出现卡涩、偏口等异常现象时，应停止操作，联系检修处理。

（5）手动操作各种隔离开关不可用力过猛，投入时要迅速，断开初期可稍慢。

（6）有闭锁装置的隔离开关，操作结束后，应检查隔离开关操动机构是否闭锁良好。

（7）禁止用隔离开关进行下列操作：

1）带负荷拉合。

2）拉合 320kVA 及以上变压器充电电流。

3）拉合 6kV 以下，解列后两端压差大于 3％的环路电流。

4）雷雨天气拉合避雷器。

5）系统接地时拉合变压器中性点电流。

（8）允许用隔离开关进行下列操作：

1）拉合无故障的电压互感器和避雷器。

2）正常运行时拉合变压器中性点电流。

3）拉合励磁电流不超过 2A 的空载变压器和电容电流不超过 5A 的无负荷线路，但当电压在 20kV 及以上时，应使用屋外垂直分合式的三联隔离开关。

4）拉合电压 10kV 及以下的电流在 7A 以下的环路均衡电流。

5）拉合空载母线和直接连在母线上设备的空载电容电流 380V 及以下，允许带负荷操作的隔离开关。

5.4.6 电压互感器停电

电压互感器停电时，应先将无电压可能误动的保护停用（有条件时先转移二次负荷），然后断开二次熔断器或空气开关，再拉 TV 一次隔离开关。

5.4.7 TV 送电时

TV 送电时，应先投入一次侧，后投二次熔断器或空气开关，正常后启用相应保护。

5.5 配电装置的异常及事故处理

5.5.1 SF₆ 断路器的异常及事故处理

（1）SF₆ 断路器有下列情形之一者，应断开上一级断路器，尽快停电处理：

1）套管有严重破损和放电现象。

2）SF₆ 气室严重漏气发出操作闭锁信号。

3）液压机构突然失压到零。

4）有强烈而不均匀的噪声、炸裂声和内部有火花声。

5）运行中由于液压、气压、油位异常、机构断裂或其他原因导致不能正常分闸。

（2）断路器（开关）拒绝动作时的检查内容。

1）操作电源、操作电压是否正常。

2）合闸保险是否熔断。

3）转换触点（控制断路器转换触点、断路器辅助触点、行程断路器触点）是否接触不良。

4）同期或同期闭锁回路有无故障。

5）保护投入是否正确。

6）操动机构是否正常。

（3）SF₆ 断路器液压机构压力异常的处理。

1）当液压系统压力降至"禁止合闸"的数值或"禁止合闸"来牌时，禁止对断路器进行合闸（退出重合闸），此时应对液压系统全面检查，油泵应启动运行，否则应查明原因，启动油泵恢复压力至正常值。

2）当液压系统降至"禁止分闸"的数值时，禁止对断路器进行分、合闸操作（切断操作电源、退出重合闸），对液压系统全面检查，及时联系检修处理。如一时恢复不了，联系检修对断路器分合机构加锁。

3）当液压系统压力升高或降低至异常数值时，禁止对断路器进行分、合闸操作（切断操作电源、退出重合闸）。对液压系统全面检查，及时联系检修处理。若一时恢复不了或压力降低至零，联系检修对断路器分合机构加锁。

4）当断路器所配液压机构打压频繁或突然失压时应断开油泵电源，申请停电处理。必须带电处理时，检修人员在未采取可靠防慢分措施（如加装机械卡具）前，严禁人为启动油泵，防止由于慢分而使灭弧室爆炸。

5.5.2 其他断路器的异常及事故处理

（1）真空断路器/接触器有下列情形之一者，严禁直接断开：

1）套管有严重破损和放电现象。

2）真空开关出现真空损坏的嘶嘶声。

3）有强烈而不均匀的噪声、炸裂声和内部有火花声。

（2）当断路器发生上述故障时，应按下列要求处理：

1）拉开故障断路器控制直流。

2）当故障为厂用负荷开关时，转移负荷，用母线电源进线断路器进行停电。

3）当故障为母线电源进线断路器时，应倒备用电源运行，根据实际情况处理。

（3）电磁锁失灵的处理：

1）核对待操作设备双重编号是否正确。

2）检查电磁锁电源是否正常。

3）核对操作程序是否正确。

4）汇报值长，再次审定操作票的正确性。

5）确系电磁锁故障，要解除闭锁，须经值长同意。

6）通知维修人员处理。

5.5.3 应立即断开断路器的情况

（1）触点熔化（断路器外侧）。

（2）断路器周围着火，危及断路器。

（3）发生人身触电。

（4）断路器爆炸（只能用前后一级断路器断开）。

5.5.4 断路器着火处理

（1）断路器本体着火时，严禁直接断开，应断开其前后一级的断路器。

（2）灭火时首先采用 1211、二氧化碳、干粉灭火器进行扑救，若仅套管外部起火，各侧电源隔断后方可用喷雾水枪扑救。

5.5.5 母线和隔离开关的异常及事故处理

（1）母线或隔离开关接触部分过热。
1）测量温度。
2）如果接触不良，通知检修处理。
3）改变运行方式，降低发热点电流。
4）母线或隔离开关过热超规定值时，请示值长停电处理。
（2）隔离开关操作失灵。
1）电动操动机构检查操作电源及电动机是否故障。
2）不得强行拉合，检查杠杆销子是否脱落及机构部分是否卡涩，及时联系检修处理。
（3）隔离开关瓷质部分断裂。
1）停止隔离开关的操作，迅速离开故障隔离开关，保持安全距离。
2）请示值长调整运行方式，将故障隔离开关停电处理。

5.5.6 电缆的异常及事故处理

（1）电缆发生下列故障时，必须立即切断电源。
1）电缆爆炸、冒烟、着火。
2）电缆绝缘击穿，接地放电。
3）电缆头过热熔化。
（2）发生下列情况应汇报值长，请示停运。
1）电缆漏油严重。
2）外皮鼓包或损坏，但导体未裸露。
3）电缆接头严重过热。
4）三相电缆分叉处或相间有放电现象。
（3）电缆温度过高。
1）未超规定值时，切换至备用电源，设法减负荷。
2）情况继续恶化应立即切断电源，通知检修处理。
（4）电缆着火。
1）电缆着火燃烧时会分解出氯化氢等有毒气体，此时在电缆沟或通风不良的场所灭火时，应戴好正压式呼吸器，并注意人身防护。
2）灭火时首先切断电源，可用 1211、二氧化碳、干粉灭火器进行扑救。

5.5.7 互感器的异常和事故处理

（1）TV 二次回路断线。
1）将失去电压的保护停用。
2）母线 TV 应取下低电压保护直流熔断器。
3）检查更换 TV 的二次熔断器或空气开关，若二次熔断器或空气开关投入后再次熔断，通知检修。

4）若一次熔断器熔断，应对 TV 停电检查后更换。

5）故障消除后，启用停用的保护。

6）不得无故增大熔断器容量，需增大时必须经过核算，并得到生技部批准。

（2）TV 二次短路。

1）停用保护。

2）将 TV 停电（若 TV 有异音，禁止用拉开一次侧隔离开关的方式直接切除故障 TV）。

（3）TA 二次回路断线。

1）若保护回路故障，应将保护停用。

2）做好防止触电的人身防护，联系检修处理。

3）二次断线感应高压时，请示值长将故障 TA 一次回路停电。

（4）TV 和 TA 有下列故障之一时，应立即停用（但不得采用直接退出故障 TV 方式）。

1）TV 一次熔断器连续熔断两次。

2）发热严重，温升异常升高。

3）有严重的漏油和流胶。

4）内部有不正常的噼啪声和其他异响。

5）瓷质部分破裂、大量漏油。

6）内部发出焦臭味及冒烟。

7）有明显的放电现象。

5.5.8 避雷器的异常及事故处理

（1）避雷器发生下列故障时允许用隔离开关断开（操作时注意人身防护）。

1）套管轻微破裂。

2）轻微放电。

3）连接线或地线有松动或脱落。

4）均压环松脱。

（2）避雷器发生下列故障时需用断路器断开。

1）避雷器爆炸、冒烟或冒火。

2）套管破裂、有严重放电，即将造成一相接地或相间短路。

5.6 反事故措施

5.6.1 防止电气误操作事故

（1）严格执行操作票、工作票制度，并使两票制度标准化，管理规范化。

（2）严格执行调度命令，操作时不允许改变操作顺序，当操作发生疑问时，应立即停止操作，并报告调度部门，不允许随意修改操作票，不允许解除闭锁装置。

（3）应结合实际制定防误闭锁装置的运行规程及检修规程，加强防误闭锁装置的运行、维护管理，确保已装设的防误闭锁装置正常运行。

（4）防误装置所用的电源应与继电保护控制回路所用的电源分开。防误装置应防锈蚀、不卡涩、防干扰、防异物开启，户外的防误装置还应防水、耐低温。

（5）建立完善防误闭锁装置的管理制度。防误闭锁装置不能随意退出运行。停运防误闭锁装置时，要经本单位总工程师批准；短时间退出防误闭锁装置时，应经值长批准，并应按程序尽快投入运行。

（6）采用计算机监控系统时，远方、就地操作均应具备电气闭锁功能。

（7）断路器或隔离开关闭锁回路严禁用重动继电器，应直接用断路器或隔离开关的辅助触点；操作断路器或隔离开关时，应以现场状态为准。

（8）对已投产但尚未装设防误闭锁装置的发、变电设备，要制定切实可行的规划，确保在 1 年内全部完成装设工作。

（9）新建、扩建、改建的发电厂，防误闭锁装置应与主设备同时投入运行。应优先采用电气闭锁方式或微机"五防"。

（10）成套高压开关柜的五防功能应齐全，性能良好。

（11）防误闭锁装置的安装率、投入率、完好率应为 100％。

（12）应配备充足的经过国家或省、部级质检机构检测合格的安全工器具和安全防护用具。为防止误登室外带电设备，应采用全封闭的检修临时围栏。

（13）规范封装临时地线的地点，不得随意变更地点封装临时地线。户内携带型接地线的封装应将接地线的接地端子设置在明显处。

5.6.2　防止开关设备事故

（1）采用五防装置运行可靠的开关柜，严禁五防功能不完善的开关柜进入系统使用，已运行的五防功能不完善的开关柜应尽快完成完善化改造，避免和减少人身及设备事故。

（2）开关柜母线室各柜间必须封闭。母线支柱及套管应采用具有足够爬电距离的 SMC 或纯瓷材料。母线及各引接线带电部分宜采用交联聚乙烯或硅橡胶绝缘护套全部包封，或加装绝缘隔板。

（3）根据可能出现的系统最大负荷运行方式，每年应核算开关设备安装地点的断流容量，并采取措施防止由于断流容量不足而造成开关设备烧损或爆炸。

（4）断路器设备特别是联络用断路器断口外绝缘应满足不小于 1.15 倍（252kV）或 1.2 倍（363kV 及 550kV）相对地外绝缘的要求，否则应加强清扫工作或采用防污涂料等措施。

（5）加强运行维护，确保开关设备安全运行。对气动机构应定期清扫防尘罩、空气过滤器、排放储气罐内积水，做好空气压缩机的累计启动时间纪录，对超过规定打压时间的压缩机系统应采取措施处理。对液压机构应定期检查回路有无渗油现象，做好油泵累计启动时间记录。发现问题及时处理。

（6）对手车柜每次推入柜内之前，必须检查开关设备的位置，杜绝合闸位置推入手车。手车柜操作进出柜时应保持平稳，防止猛烈撞击。

（7）根据设备现场的污秽程度，采取有效的防污闪措施，预防套管、支持绝缘子和绝缘提升杆闪络、爆炸。

1）对新建、扩建工程的开关设备应按污秽等级配置外绝缘。运行中的开关设备则可采取清扫、加装硅橡胶伞裙套等辅助措施，重点应放在隔离开关的支柱绝缘子上。

2）绝缘提升杆问题属内绝缘问题，最主要是防止断路器进水，对少油或多油断路器尤其重要。需要关注预防性试验结果，发现异常情况，必须及时处理。

（8）开关设备应按规定的检修周期、实际累计短路开断电流及状态进行检修，尤其要加强对绝缘拉杆、机构的检查与检修，防止断路器绝缘拉杆拉断、拒分、拒合和误动以及灭弧室的烧损或爆炸，预防液压机构的漏油和慢分。

（9）隔离开关应按规定的检修周期进行检修。对失修的隔离开关应积极申请停电检修，防止恶性事故的发生。

（10）结合电力设备预防性试验，应加强对隔离开关转动部件、接触部件、操动机构、机械及电气闭锁装置的检查和润滑，并进行操作试验，防止机械卡涩、触头过热、绝缘子断裂等事故的发生，确保隔离开关操作与运行的可靠性。

（11）充分发挥 SF_6 气体质量监督管理中心的作用，应做好新气管理、运行设备的气体监测和异常情况分析，监测应包括 SF_6 压力表和密度继电器的定期校验。

（12）SF_6 开关设备应按有关规定进行微水含量和泄漏的检测。运行中，密度继电器及气压表要结合大、小修定期校验。

（13）分、合闸速度特性是检修调试断路器的重要指标，各种断路器在新装和大修后必须测量分、合闸速度特性及同期性，并符合技术要求。

（14）真空开关交流耐压试验应在开关投运 3 个月、6 个月、1 年各进行一次。以后按正常预防性试验周期进行。

（15）真空开关应在负荷侧隔离开关的断路器侧安装电压监视器，双回路电源开关应在两侧加装，运行人员在断路器操作前应检查电压监视器状况，发现异常及时上报有关部门。

（16）定期对手车开关本体上销杆（用于开启柜内的防护挡板）进行探伤检查，防止压杆断裂，防护挡板落下造成三相短路。

（17）做好 SF_6 断路器压缩空气电磁阀的防潮防冻工作，防潮、防冻加热电阻正常投入。

（18）凡爬距不满足或裕度小的断路器，应避开大雾天气并网。

5.6.3 防止全厂停电事故

（1）要加强蓄电池和直流系统（含逆变电源）及柴油发电机组的维修，确保主机交直流润滑油泵和主要辅机小油泵供电可靠。

1）加强蓄电池组的维护检查，保证蓄电池安全完好，做好蓄电池的防火防爆工作。

2）做好事故情况下直流电源供电中断的事故预想。

3）直流系统各级熔断器容量应配置合理，保证在事故情况下不因上一级熔断器熔断而中断保护操作电源和动力电源。

4）给粉机备用电源及重要控制回路不得使用交流中间继电器。

（2）带直配线负荷的电厂应设置低频率、低电压解列的装置，确保在系统事故时，解列 1 台或部分机组能单独带厂用电和直配线负荷运行。

（3）加强继电保护工作，主保护装置应完好并正常投运，后备保护可靠并有选择性的动作，投入断路器失灵保护，严防断路器拒动、误动扩大事故。

提高主保护的投入率，主保护投入率应大于 99.9%，同时也应认真研究分析提高后备保护可靠性的措施。

（4）在满足接线方式和短路容量的前提下，应尽量采用简单的母差保护。对有稳定要求的大型发电厂和重要变电站可配置两套母差保护，对某些有稳定问题的大型发电厂要缩短母差保护定检时间，母差保护停用时尽量减少母线倒闸操作。

（5）开关设备的失灵保护均必须投入运行，并要做好相关工作，确保保护正确地动作。

1）220kV 及以上线路失灵保护均须投入使用，凡接入 220kV 及以上系统的变压器保护也宜起动失灵保护。在接入失灵启动回路之前必须做好电气量与非电气量保护出口继电器分开的反措，不得使用不能快速返回的电气量保护和非电气量保护作为失灵保护的启动量。

2）断路器失灵保护的相电流判别元件动作时间和返回时间均不应大于 20ms。

（6）根据《继电保护和安全自动装置技术规程》（GB 14285—2006）的规定，完善主变压器零序电流电压保护，以用于跳开各侧断路器，在事故时能保证部分机组运行。

应完善主变压器零序电流、电压保护配置，电厂的主变压器零序电流保护应为两段式。第Ⅰ段与出线Ⅰ、Ⅱ段配合整定，第Ⅱ段按母线故障有足够灵敏度且与出线配合整定。

（7）应优先采用正常的母线、厂用系统、热力公用系统的运行方式，因故改为非正常运行方式时，应事先制订安全措施，并在工作结束后尽快恢复正常运行方式。应明确负责管理厂用电运行方式的部门。

（8）厂房内重要辅机（如送风机、引风机、给水泵、循环水泵等）电动机事故按钮要加装保护罩，以防误碰造成停机事故。

（9）对 400V 重要动力电缆应选用阻燃型电缆，已采用非阻燃型电缆的电厂，应复查电缆在敷设中是否已采用分层阻燃措施，否则应尽快采取补救措施或及时更换电缆，以防电缆过热着火时引发全厂停电事故。

1）经常检查靠近热管道容器附近电缆的完好情况，及时更换绝缘不合格的电缆，并做好隔热措施。

2）动力电缆和控制电缆应分开敷设。

3）完善电缆隧道、夹层、竖井的防火措施，防止电缆故障或火灾引起电缆燃烧扩大事故。

（10）母线侧隔离开关和硬母线支柱绝缘子，应选用高强度支柱绝缘子，以防运行或操作时断裂，造成母线接地或短路。

（11）可能导致主机停运的电动机交流接触器控制回路的自保持时间应大于备用电源自投时间，以防止低电压或备用电源自投前释放跳闸。

（12）直流接线端子保持清洁和接线盒密封严密，防止出现直流接地。查找直流接地要采取安全措施并有专业人员监护。

（13）加强对空压机等重要公用系统的检查和维护，保证设备系统安全可靠运行。

5.7　配电装置的继电保护及自动装置运行规程

5.7.1　DN8520 小车开关智能操控装置

5.7.1.1　DN8520 型断路器智能操控装置工作原理简述

本产品由微处理器、断路器量采集部分、温湿度采集部分、模拟断路器和温湿度显示部分、语音提示、温湿度控制输出、三相带电显示及闭锁控制组成。微处理器实时检测断路器量输入，通过面板的平面指示灯动态显示，对错误的操作提供语音提示；微处理器通过串口连接线性温湿度传感器，将实时采集当前温湿度值，并通过 LED 数码管显示，同时通过与系统设置温湿度范围进行比较，以确定是否进行加热降湿处理；三相带电处理分析三相是否带电，以及对带电间隔的闭锁控制。

5.7.1.2 技术参数

（1）常规参数。

常规参数见表 5-13。

表 5-13　　　　　　　　　　　常 规 参 数

项目	技术要求	项目	技术要求
工作电压	DC 110V/220V	相对湿度	≤95%
工作温度	−10～55℃	三相带电指示启辉电压	额定相电压×0.15～0.65
极限工作温度	−25～75℃	闭锁启控电压	额定相电压×0.15～0.65

（2）设置参数。

设置参数见表 5-14。

表 5-14　　　　　　　　　　　设 置 参 数

项目	量程	分辨率	响应时间（s）	参数	缺省值
温度参数	−40～120℃	0.01℃	≤5	温度低加热启动温度（T_x）	3℃
				温度回升加热退出温度（T_x+5）	8℃
				温度高降温启动温度（T_s）	50℃
				温度下降退出降温温度（T_s-5）	45℃
				温度过高启动报警温度（T_b）	60℃
湿度参数	0%～100%	0.03%RH	≤3	湿度大加热启动湿度（H_s）	90%
				湿度下降加热退出湿度（H_s-5）	85%

5.7.1.3 状态显示功能

（1）断路器状态显示。

1）断路器合闸时，断路器指示灯亮红灯。

2）断路器分闸时，断路器指示灯亮绿灯。

3）断路器不在柜内时，断路器指示灯不亮。

（2）手车位置显示。

1）手车处于工作位置时，手车灯亮红灯。

2）手车处于实验位置时，手车灯亮绿灯。

3）手车处于工作位置和实验位置之间时，手车灯红绿灯同时闪烁。

4）手车不在柜内时，手车指示灯不亮。

（3）接地开关位置显示。

1）接地开关合闸时，接地断路器灯亮红灯。

2）接地开关分闸时，接地断路器灯亮绿灯。

3）正在操作的动作违反了与接地断路器之间的"防误联锁"时，接地断路器指示灯和正在操作的断路器量对应指示灯同时闪烁。

（4）弹簧储能显示。

1）弹簧已储能，储能灯亮。

2）弹簧未储能，储能灯不亮。

3）储能没有到位之前时，存在预合动作，储能灯闪烁。

（5）温湿度显示。循环显示工作环境的实时温、湿度值。

（6）温湿度控制指示。

1）加热指示：启动加热时，该指示灯红亮。

2）降温指示：启动风扇时，该指示灯红亮。

3）断线指示：断线时，该指示灯红亮。

4）超温报警指示，温度超过系统设置的报警温度时，该指示灯亮。

5）手动指示：表示人为进行加热处理。

（7）三相带电指示。

1）A、B、C 三相带电时，相应的 A、B、C 三相指示灯亮。

2）闭锁指示，当 A、B、C 三相任意一项带电，闭锁解除指示灯不亮。三相全不带电时，闭锁解除指示灯亮绿灯。

5.7.1.4 智能防误语音提示功能

（1）当断路器合闸时，误推手车，则断路器红灯亮，手车灯红灯、绿灯同时闪烁，并有语音提示"请分断路器"。

（2）当接地开关闭合时，误推手车，则有语音提示"请分接地开关"。

（3）接地开关和断路器都闭合时，误推手车，则断路器红绿灯、手车红绿灯同时闪烁，并伴有语音提示"请分接地开关"。

（4）接地开关闭合时，若预合断路器，则接地开关红绿灯同时闪烁，并伴有语音提示"请分接地开关"。

（5）当没有储能或储能未完成之前存在预合动作，则储能指示灯闪烁，并伴有"请储能"的语音提示。

（6）当断路器、手车或二者接点逻辑错误时，相应指示灯同时闪烁，并伴有"请检查输入触点"的语音提示。

5.7.1.5 加热、降湿控制功能

（1）启动加热：当环境温度不大于设定的温度下限时，或当环境湿度不小于设定的湿度上限时，或按"手动"控制按钮时，启动加热。

（2）退出加热：在自动模式下，当环境温度不小于设定的温度下限加 5℃，并且环境湿度不大于设定的湿度下限时；在手动模式下，当环境温度不小于设定温度的上限减 5℃时。

（3）启动风扇：当环境温度不小于设定的温度上限时。

（4）停止风扇：当环境温度不大于设定的温度上限减 5℃，并且环境湿度不大于设定的湿度上限时。

（5）手动加热：按下"手动"按钮，加热器开始加热，且手动加热指示灯亮；重按"手

动"按钮或环境温度不小于设定温度的上限减5℃时，停止加热并转到自动控制状态。

（6）断线报警：任何一路加热器断线，断线指示灯亮。

（7）超温报警：当环境温度不小于设定的报警温度时，过热报警指示灯亮，同时启动风扇。

5.7.2 IPB 封母微正压装置

5.7.2.1 IPB 微正压原理

防止封闭母线内设备结露，维持母线内空气的较高干燥度，保持母线内空气一定压力，阻止母线外部空气进入母线。

微正压充气机 MQ-04，全无油活塞式空压机。高清洁度气源经过分子筛干燥机的脱水干燥，露点湿度达到－40，分子筛干燥机靠两只干燥塔定时切换干燥和再生。全无油高清洁度高干燥度空气，经过减压阀减压，出口空气压力维持在0.25MPa以内。

5.7.2.2 具体参数

具体参数见表5-15。

表 5-15
具 体 参 数

序号	项　目	参　数
1	输出气体干燥度（出口露点温度）	－40℃
2	出气口压力	300～2500Pa
3	空压机出口压力	0.4～0.7MPa
4	电源	AC380V、50Hz（三相四线制）
5	气源的温度	<50℃
6	气源的露点温度	<－10℃（常压）
7	含尘直径小于	<0.05μm
8	含油量	<15ppm
9	气源压力	0.7MPa
10	流量	≥0.42～0.6m³/min
11	使用条件	环境温度0～40℃（室内），相对湿度<85%

5.7.2.3 运行方式

（1）微正压柜是由气路系统和电控系统组成，为连续工作制。空气压缩机启动后，自动对气源进行过滤和干燥，通过调压器减压向母线供气，维持母线内微正压。

（2）安全保证，当母线内压力低于300Pa，低压控制断路器接通，压力指示灯指示低压信号；当母线内压力超过2000～2500Pa，高压控制断路器吸合，充气指示灯指示高压信号；空压机自动停止（压缩机启停一般为6～8次/h）。

（3）正常情况下高压指示灯为瞬亮。

（4）压力正常设定为下限300Pa，上限2000～2500Pa，根据具体情况选定。

（5）母线不得长时间处于高压状态，否则应检查以下内容：

1）是否由于外部温度过高，母线内气体膨胀，超过上限压力设定值。

2）压力断路器是否损坏。

6 电动机运行规程

6.1 设备概述

6kV 高压电动机和 380V 低压电动机均采用三相笼型异步电动机,根据使用环境的不同,分别采用全封闭水冷方式、开启式风冷方式和密闭式风冷方式。

6.1.1 技术规范

(1)高压电动机额定参数见表 6-1。

表 6-1   高压电动机额定参数

设备名称	型号	电流（A）	容量（kW）	转速（r/min）	功率因数	接线方式	绝缘等级
3、4 号机电动给水泵	YKS800-4	606	5600	1493	0.915	Y	F
凝结水泵	YLKK500-4		1000	1492	0.893	Y	F
3、4 号机循环水泵	YL1600-12/1730		1600	495		Y	F
磨煤机	YHP560-6	51	460	981	0.818	Y	F
3、4 号炉送风机	YKK500-4W	130.3	1120	1489	0.87	Y	F
汽动给水泵前置泵	YKK355-4	26.2	230	1485	0.9	Y	F
3、4 号炉引风机	YKK710-8	250	2100	740		Y	F
3、4 号炉一次风机	YKK630-4	174	1600	1484	0.928	Y	F
锅炉上水泵	YKK450-2	73.7	630	2983	0.87	Y	F
1~5 号输送空压机			250				
3 号斗轮机			375				
补给水泵			355				
自动消防水泵			250				
丙碎煤机			220				
三期脱硫增压风机	YKK800-8	359	3000	747	0.833	Y	F
湿式球磨机	YTM500-6	61.9	500	975	0.842	Y	F
浆液循环泵	YKK450-4	63	560	1490	0.906	Y	F

（2）低压电动机额定参数见表 6-2。

表 6-2   低压电动机额定参数

设备名称	型号	电流（A）	容量（kW）	转速（r/min）	功率因数	接线方式	绝缘等级
净油泵、污油泵	YB2-132S-4	11.6/6.7	5.5	1440	0.84	△/Y	F
交流密封油泵	YB2-132M-4	15.6	7.5	1440	0.84	△	F
密封油再循环泵	YB2-132S-4	11.8	5.5	1440	0.83	△	F

续表

设备名称	型号	电流（A）	容量（kW）	转速（r/min）	功率因数	接线方式	绝缘等级
工业水泵	Y2280S-4	138.8/80	75	1484		△	F
冷却水升压泵	Y2280-4	162/94	90	1484	0.87	△	F
水环式真空泵	Y355M2-10	221.7	110	590	0.78	△	F
定子冷却水泵	Y180M-2	42.2	22	2900		△	F
补给水提升泵	Y280S-4	139.7	75	1480		△	B
精处理再循环水泵	Y225M-4	84.2	45	1480		△	F
顶轴油泵	YB2-225S-4	69.9/40.4	37	1480	0.87	△/Y	F
滤油机	YB2-132M6-6	19.4	4	990	0.718	△/Y	F
防爆风机	YB2-1001-2	6.3	3	2860			F
除氧器再循环泵	Y2225X-4	69.9	37	1475	0.87	△	F
电给水泵辅助油泵	Y132S1-4	11.64	5.5	1440		△	B
小机润滑油泵	YB2-160L-2	35.1/20.3	18.5	2930		△/Y	B
小机排烟风机	YB2-80-2	1.8	0.75	2845			B
凝结水补水泵	Y2132S2-2	14.9/8.6	7.5	2900	0.88	△/Y	F
EH油泵	Y220L-4	56.8	30	1470		△	B
EH油再循环泵	Y90L-4	3.7	1.5	1400		Y	B
油净化排油泵	YB2-132M1-6	9.4	4	970	0.78	△/Y	F
主油泵			45				F
盘车电机	YBD160L-8/4	14.9/21.8	5.5/11	735/1450	0.62/0.89	2Y/△	F
胶球泵		8.2	4	1440		△/Y	
轴封风机	Y160M2-2	29.4	15	2930		△	B
清扫刮板电机	NP1-200		0.37	960			
密封风机	Y315M1-4	235	132	1470		△	F
送风机润滑油泵	Y2-100L1-4	5.16	2.2	1410	0.81	Y	F
空预器主电机	GAMAK	23.9	11	1471			
给煤皮带电机	BPD-3-Z	7	3				
火检冷却风机	1LG0164-2AA70	28.8/16.6	15	2930			

（3）220V 直流电动机额定参数见表 6-3。

表 6-3　　　　　　　　220V 直流电动机额定参数

设备名称	型号	电流（A）	容量（kW）	转速（r/min）	励磁电流	绝缘等级
事故油泵	Z2-71L3	90	17	1500		B
事故密封油泵	Z2-52	41	7.5	1500	0.98	B
1号、2号小机事故油泵	Z2-42	40.8	7.5	3000		B

6.1.2　电动机的正常运行与维护

（1）电动机的启停操作。

1）大修及新安装的电动机，第一次启动时应记录启动时间、空载电流等数据。

2）所有不调节转速的交流电动机，应全电压直接启动，正常时不得带负荷启动。

3）高压电动机或直流电动机启动前应通知集控值班人员。

4）正常运行时，直流油泵启动前应调整直流母线电压达规定上限值。

5）电动机停止运行前应将负荷电流减至最小，断开断路器后检查电流指示应为零。

6）绕线式电动机停机时，应先将断路器断开，再将转子回路变阻器切换到启动位置。

7）笼型电动机在冷、热态下允许启动的次数应按制造厂规定，无规定时参照表 6-4。

表 6-4　　　　　　　　　笼型电动机在冷、热态下允许启动的次数

状态	启动次数	启动间隔时间（分）	状态	启动次数	启动间隔时间（分）
冷态	2	5	热态	1	

注　处理事故以及启动时间不超过 2～3s 时，可多启动 1 次。

8）电动机的停送电联系及运行方式的改变应得到值长、主值同意。

9）电动机运行中发现有触电事故或严重威胁设备安全的事故时，值班人员有权按事故按钮停止其运行，并及时汇报。

（2）电动机安全规定。

1）电动机外壳或所带动的机械上应画有箭头，表示旋转方向。

2）凡操作/控制开关远离电动机者，均应在电动机就地装设事故按钮。

（3）电动机运行中有关参数规定。

1）电动机在额定冷却空气温度时，可按制造厂铭牌上规定的额定参数运行。

2）电动机可以在额定电压变动 $-5\%\sim+10\%$ 运行，其额定出力不变，但应加强发热与振动的监视。

3）电动机在正常运行时，三相不平衡电压差不得大于 5%，三相电流差不大于 10%，且任何一相的定子电流不应超过额定值。

4）电动机在工作电压低于额定电压 5% 时，电流可在低于 105% 额定值下连续运行，但不允许过负荷运行。

5）电动机振动允许值不得超过表 6-5 的规定。

表 6-5　　　　　　　　　电动机振动允许值

额定转速（r/min）	3000	1500	1000	750 及以下
振动值（双振幅）（mm）	0.05	0.085	0.10	0.12

6）电动机线圈、铁心及轴承的最高监视温度，在任何运行方式下均不应超过制造厂规定的温度；对制造厂无规定的，在环境温度不超过 35℃ 时，可参照表 6-6。

表6-6　　　　　　　　　　　　电动机线圈、铁心及轴承的最高监视温度

定子铁心、线圈	最高温度（℃）	最高温升（℃）	测量方法
绝缘等级：A	95	60	电阻法
绝缘等级：E	110	75	电阻法
绝缘等级：B	115	80	电阻法
绝缘等级：F	140	100	电阻法
滚动轴承	80		温度计法
滑动轴承	80		温度计法

（4）电动机绝缘电阻。

1）电动机在下列情况下应测量绝缘。

• 电动机检修后。

• 电动机进入蒸汽或进水受潮。

• 电动机故障跳闸后。

• 备用中的电动机，按部门规定执行。

2）绝缘电阻测量。

• 高压电动机用 $1000 \sim 2500V$ 绝缘电阻表测量，不低于 $1M\Omega/kV$（75℃），吸收比 R_{60}/R_{15} 不小于 1.3；低压电动机用 $500V$ 绝缘电阻表测量，阻值不低于 $0.5M\Omega$；直流或绕线式电动机用 $500V$ 绝缘电阻表测量，阻值不低于 $0.5M\Omega$。

• 绝缘电阻测量值与前次相同条件下相比低于 $1/5 \sim 1/3$ 时，未查明原因前不得启动。

• 重要高压电动机的绝缘电阻低于规定值时，不得启动。

• 电动机因进汽、淋水等原因受潮以及电气部分有过检修工作的不论停电时间长短，送电前均应测量绝缘电阻，合格方能启动。

3）绝缘电阻值换算到75℃时的公式如下：

对于铜导线

$$R_{75℃} = R_t \frac{235 + 75}{235 + t}$$

式中　t——测量时的环境温度；

　　　R_t——实测绝缘电阻值。

（5）电动机运行中的检查。

1）电动机电流不得超过允许值。

2）检查油位正常，油质良好；油系统运行正常。

3）电动机无异声。

4）直流或绕线式电机的电刷不冒火，电刷磨损不过短，整流子和集电环清洁。

5）电动机周围清洁无杂物。

6）冷却通道畅通，冷却系统阀门摆布正确，冷却系统运行正常。

（6）装有低电压保护的电动机跳闸后，在电压未恢复前，不允许启动。

（7）一、二类负荷分类如下：

1）一类负荷：电动给水泵、凝结水泵、汽泵前置泵、循环水泵、引风机、送风机、一

次风机。

2）二类负荷：磨煤机、输送空压机、补给水泵、自动消防泵、碎煤机、斗轮机。

6.2　电动机异常及故障处理

6.2.1　应立即停运电动机的情况

（1）电动机或所带机械上发生人身事故。

（2）电动机或电缆起火，电动机内部冒烟。

（3）电动机发生强烈振动超过规定值。

（4）电动机及其所带动的机械损坏。

（5）电动机铁心温度及出风温度超过规定值或轴承温度超过允许值。

6.2.2　电动机跳闸后不允许强合的情况

（1）启动电动机会危及人身安全。

（2）电动机跳闸时伴有冲击电流。

（3）被拖动机械有明显故障点。

（4）电动机及其启动装置和电源电缆明显损坏。

（5）电动机已冒烟。

（6）电动机差动或速断保护动作跳闸。

6.2.3　电动机无法启动

（1）一般现象：

1）电动机不转，无电流指示、无异响、也无异味和冒烟。

2）启动指示灯不亮。

（2）处理：

1）检查断路器是否合闸。

2）检查电源及电机本体是否正常。

3）检查电机控制回路二次电源是否正常。

4）检查电动机操作/合闸熔断器是否完好，接触是否良好。

5）检查电机是否满足启动逻辑。

6）联系检修处理。

6.2.4　电动机无法启动（断路器合上即跳）

（1）一般现象：

1）电流瞬时上升又回零。

2）有异常声音。

3）启动指示灯亮后又熄灭。

（2）处理：

1) 检查电动机所带机械部分轴承是否卡死，所带机械是否故障。

2) 检查电动机一次回路是否短路。

3) 检查是否有保护动作。

4) 检查电动机及辅机相关阀门摆布是否正确。

5) 测量电机绝缘。

6) 联系检修处理。

6.2.5　运行中的电动机转速低

（1）一般现象：

1) 电动机运行中转速较正常转速低。

2) 电动机电流超过额定值。

（2）处理：

1) 检查电源电压是否过低。

2) 检查电动机负载是否过大或缺相运行。

3) 检查电动机有无其他故障。

4) 请示值长停运，联系检修人员处理。

6.2.6　电动机温度高

（1）一般现象：

1) 电动机本体温度明显上升。

2) 电动机电流升高。

（2）处理：

1) 若温度超限，立即停运。

2) 检测电源电压是否正常，电动机三相电流是否平衡。

3) 有条件时降低室内环境温度，改善电动机通风条件。

4) 检查冷却系统。

5) 请示值长停运，联系检修人员处理。

6.2.7　电动机振动大

（1）一般现象：

1) 电动机本体振动大。

2) 电流表指针左右摆动。

3) 电动机发出不正常的振动噪声。

（2）处理：

1) 若振动超限，立即停运。

2) 电动机基础螺栓有无松动。

3) 检测电源电压是否正常，电动机三相电流是否平衡。

4) 请示值长停运，联系检修人员处理。

6.2.8　电动机自动跳闸

（1）一般现象：运行中，电动机开关突然跳闸，电流为零。

（2）处理：

1）检查是否有保护动作。

2）检查电源及一、二次接线有无明显故障及过热或焦味。

3）检查热偶继电器是否动作。

4）检查机械部分有无故障或堵转。

5）经过检查若无保护动作，本体无明显故障现象，测绝缘合格，可对跳闸的电动机重启一次。

6.3　电动机继电保护及自动装置运行规程

6.3.1　电动机保护配置

（1）主厂房内电动机保护。

1）6kV 电动机采用 SPAC2000‐01D 型微机电动机保护测控装置。2000kW 及以上 6kV 电动机还装设电动机 SPAC2000‐01E 型微机差动保护装置。

2）45kW 及以上 380V 电动机，采用 SPAC202M 型微机保护测控装置，45kW 以下 380V 电动机采用 SPAC202F 型微机测控装置。

（2）主厂房外电动机保护及控制。主厂房外除循环水泵外，其余 6kV 电动机和 45kW 及以上的 380V 电动机采用相同的电动机保护测控装置，但不进入 DCS 监控系统，通过硬接线进入各远程 PLC 监控或在就地配电屏上控制；45kW 以下 380V 电动机不装设电动机监控装置，就地控制或进 PLC。

（3）F－C 回路控制的厂用电动机除熔断器保护外，另装设 SPAC2000‐01D 电动机综合保护。

（4）脱硫 6kV 高压电动机采用 WDZ‐430EX 型电动机综合保护测控装置。2000kW 及以上 6kV 电动机还装设电动机 WDZ‐431EX 型电动机差动保护装置。

6.3.2　电动机保护配置

电动机保护配置见表 6‐7。

表 6‐7　　　　　　　　　　　　电 动 机 保 护 配 置

种类 保护名称	6kV 电动机		380V 电动机		
	2000kW 及以上	2000kW 以下	45kW 及以上	45kW 以下	主厂房外 45kW 以下
差动保护	√				
速断保护	√	√	√		
过流保护	√	√		√	

续表

种类 保护名称	6kV 电动机		380V 电动机		
	2000kW 及以上	2000kW 以下	45kW 及以上	45kW 以下	主厂房外 45kW 以下
正序过流保护	√	√			
负序过流保护	√	√	√		
零序过流保护	√	√	√		
过压保护	√	√	√	√	
低压保护	√	√	√	√	
过热保护	√	√			
堵转保护	√	√	√		
过热禁再启动	√	√			
过载保护	√	√	√		
反时限保护			√		
欠载保护			√		
缺相保护			√		
闭锁电流			√		
额定设定			√		
电动机常规保护			√	√	√
超频/低频				√	

6.3.3 SPAC2000-01D 型电动机微机保护测控装置

(1) 功能配置。

1) 保护功能：速断保护、过流保护、正序过流保护、负序过流保护、零序过流保护、过压保护、低压保护、过热保护、TA 断线告警、TV 断线告警、控制回路断线告警。

2) 录波功能：在装置上可查看故障录波数据，进行故障分析，也可上传监控系统。

(2) 操作说明（详见 4.8.2）。

6.3.4 SPAC2000-01E 电动机微机差动保护装置

(1) 功能配置。

1) 保护功能：差动速断保护、比率差动保护、TA 断线告警、差流越限告警、TA 断线闭锁。

2) 录波功能：在装置上可查看故障录波数据、时间、名称等，进行故障分析，也可上传监控系统。

3) 自检功能：具有完善的自检功能，能准确定位故障芯片。

(2) 操作说明（详见 4.7.2）。

6.3.5　SPAC202M 电动机智能控制器

（1）功能配置。

1）测量功能：测量电机回路的三相电压电流、零序电流、有功功率、无功功率、功率因数、有功电能、无功电能、频率等；记录电机运行总时间及当次起动最大瞬时电流值。

2）保护功能：过流速断、堵转保护、过载保护、欠载保护、反时限保护、零序电流保护、负序Ⅰ段及Ⅱ段电流保护、过电压保护、欠电压保护、缺相保护、外部联锁保护与电流闭锁保护。

（2）显示指示。

1）001：装置的通信地址（根据实际地址显示不同的数字），在同一位置会轮流显示"就地""远方"，表示当前信息控制状态。

2）正运行：电动机的运行状态（有正起动、正运行、正停车、反起动、反运行、反停车、异常态、停止态 8 种）。

3）第一行"SPAC202MManagerRelay"为装置型号，代表广州智光电气公司的低压电动机继电器装置；指示灯及按键的功能含义如下：

- 运行：装置运行指示灯，周期闪烁。
- 故障：装置内部故障指示灯，故障时长亮。
- 通信 1：通信口 1 通信状态指示灯，有通信时闪烁；通信 2 相同。
- 正转、反转、停车：电动机工作方式指示灯。
- 远方：电动机控制方式指示灯。
- 告警：电动机运行异常告警灯。

（3）按键说明。

1）ESC：退出当前菜单。

2）DOWN：一级菜单、二级菜单的选择，数值的修改，状态的切换等。

3）SHIFT：三级菜单的选择，光标的移动等。

4）ENTER：功能的激活及修改的确认和参数的保存。

6.3.6　SPAC202F 智能测控装置

（1）基本测量参数：三相电流、三相电压、频率、三相有功功率、总有功功率、三相无功功率、总无功功率、三相视在功率、总视在功率、有功电能、无功电能、视在电能。

（2）报警/保护功能。通过对继电器编程、可完成过压、欠压、过流、超频、低频报警/保护。

（3）控制功能。装置提供 2 路继电器输出用于对设备的控制。

（4）信号采集功能。装置提供 4 路信号采集通道，用于采集开关位置等信号。

（5）通信功能。装置提供标准 RS485 通信口，采用标准 Modbus 规约，满足现场组网的要求。

7 交流系统运行规程

7.1 设备概述和规范

7.1.1 220kV 系统概述

（1）220kV 系统采用发电机 - 变压器组—线路大单元接线，共有 2 台发电机变压器组，2 条 220kV 出线。

（2）启动备用变压器高压侧接至本厂开关站 220kV 母线。

7.1.2 6kV 系统概述

（1）6kV 系统每台机装设相对独立的两段，双套辅机电动机和成套设置的低压厂用变压器分接于两段母线上。

（2）每台机配置一台由发电机端直馈分裂绕组高压厂用变压器供电，两台机共用一台启动/备用变压器作明备用。

（3）6kV 厂用断路器采用真空开关和真空接触器。

（4）6kV 为中性点高阻接地系统。

（5）高压厂用电动机自启动容量限制和防止过投措施。

1）为了限制空载自启动容量和带负荷自启动容量，装设 PZH－1C 微机厂用电快速切换装置，在满足同期条件下，尽可能缩短停电时间。

2）为了限制短时失压自启动容量和防止过投，在 6kV 各段母线上，均装有低电压保护。当母线电压低于额定电压的 60％时，经 0.5s 后跳开该母线上的 Ⅱ 类电动机，经 9s 后跳开该母线上的 Ⅰ 类电动机。

7.1.3 厂用 380V 系统概述

（1）厂内主、辅厂房所有厂用低压变压器均接于厂用 6kV 母线，成对设置互为备用的两台变压器分别接于 6kVA 段与 6kVB 段母线。

（2）低压厂用变压器没有装设备用电源自动投入装置，其互为备用电源的厂用变压器采用手动暗备用。

（3）380V 系统采用变压器中性点直接接地运行方式，220V 用电设备直接由 380/220V 三相四线制系统取得电源。

（4）380V 系统设置厂用 380/220V 工作段、公用段、保安段、检修段、工作照明段，事故照明和各 MCC。

1）每台机组设置 2 台 2000kVA 低压工作变压器，以 PC－MCC 接线方式分别供机组的 2 套辅机低压负荷。

2）共设置 2 台 1600kVA 低压公用变压器，以 PC－MCC 接线方式供各低压公用负荷。

3）交流事故保安电源供电方式：每台机组设置 1 台 640kW 柴油发电机和 1 个单母线分

段的 380/220V 保安段，保安段的工作电源和备用电源分别由本机组的 380/220V 工作段和柴油发电机供给。保安负荷集中由 380/220V 保安段供电。

4）设置 2 台 500kVA 照明变压器和 380/220V 工作照明段，工作照明段为单母线分段辐射供电给主厂房各工作照明箱。设置 380/220V 事故照明 MCC，由 380/220V 保安段提供电源。

5）设置 1 台 500kVA 检修变压器和 380/220V 检修段，采用单母线接线辐射供电给主厂房各检修电源箱。

（5）低压设备供电方式。

1）主厂房和辅助厂房 380V 系统采用动力中心（PC）和电动机控制中心（MCC）供电方式。

2）成对设置的 MCC 由对应的 PC 单电源供电，双套辅机电动机分别由对应的 PC 或 MCC 供电。

3）不成对设置的 MCC 用双电源供电，双电源一般取自不同的 PC 段。

（6）低压厂用电动机自启动容量限制和防止过投措施。

1）为了限制空载自启动容量和带负荷自启动容量，380V 系统两两互为备用的变压器之间，采用手动备用方式，不装设 BZT 装置。

2）为了限制短时失压自启动容量和防止过投，在 380/220V 工作段、公用段低压母线，装有低电压保护。当母线电压低于额定电压的 60% 时，经 0.5s 后跳开该母线上的 II 类电动机，经 9s 后跳开该母线上的 I 类电动机。

3）为了进一步限制短时失压自启动容量和防止过投，在 380/220V 低压系统部分负荷空气开关上，装设欠压自动脱扣装置。

7.2　主系统的运行和切换

7.2.1　220kV 系统

（1）220kV 为双母线出线，2 台发电机－变压器线机组，分别通过出口断路器—线路隔离开关—送至变电站。

（2）启动备用变压器电源通过单断路器双隔离开关接至本厂两段 220kV 母线。

7.2.2　6kV 系统

（1）6kV 系统正常由高压厂用变压器供电，启停机及事故情况下切由启动备用变压器供电。

（2）6kV 不设公用段，公用负荷分别接入各机组 6kV 工作段。6kV 系统 A、B 两段独立运行，低压侧不允许长期并列运行，只可作短时并列切换。

（3）发电机－变压器组保护动作使机组解列时（机组短时自带厂用情况下），严禁厂用 6kV 电源进行瞬并切换，以防发电机在 6kV 侧非同期冲击。此时应采取瞬停切换。

（4）6kV 厂用瞬停切换时应汇报值长，逐段操作并事先告知相关人员。发生低压辅泵跳闸时，应注意备用泵的联动和抢合，注意失电电源的恢复。

（5）附属厂房的正常照明，由各自车间内的 MCC 供电，未设 MCC 的车间和附属建筑物，由附近车间的 MCC 供电。

（6）事故照明。

1）交流事故照明：主厂房设事故照明 MCC，专供主厂房的事故照明。正常运行时事故照明 MCC 由保安段供电，当正常工作电源因故失电时，由柴油机供电。

2）单元控制室事故照明系统由 UPS 段供电。

3）应急事故照明：远离主厂房的重要场所，装设镉镍电池直流装置的，用其作为事故照明电源；没有镉镍电池直流装置的，用应急灯作事故照明。由就地值班人员负责定期试验，以保证其可靠备用。

4）特殊照明：汽机本体的局部照明和高、低压加热器水位计、凝汽器水位计、除氧器水位计、磨煤机的油视察孔等局部照明灯用 24V 电压，锅炉汽包水位计照明用 12V 电压。

5）直流长明灯：由直流蓄电池供电，手动投切。

（7）检修电源及运行。

1）检修电源网络电压均为 380/220V。

2）主厂房检修电源箱由主厂房检修段供电。

3）生产车间的检修电源箱，由其车间的 MCC 或由附近车间内的 MCC 供电。

7.2.3 厂用系统运行和切换

（1）互为备用电源的两段母线或各分支回路，在工作电源失去后，通过联络断路器投入备用电源时必须在断开工作电源开关后，才能合联络开关投入备用电源。

（2）互为备用电源的两段母线或各分支回路，只有在同为启动备用变压器或同一台高压厂用变压器供电，且合环点压差合格时，方允许同期合环。否则必须采用瞬停切换。

（3）低压厂用瞬停切换时应事先告知相关专业人员，发生低压辅泵跳闸时，应注意备用泵的联动和抢合，注意失电电源的恢复。

（4）低压厂用变压器、380V 母线及各分支回路不得长期合环运行，只可作短时并列切换。

（5）经低电压保护启动跳闸的电动机，在该母线电压未恢复正常时，不得重新启动。

7.3 倒闸操作注意事项和基本要求

7.3.1 倒闸操作的注意事项

（1）严格执行操作票、工作票管理制度。

（2）属调度管辖设备运行方式改变的操作，按调度命令执行。厂用电系统运行方式改变的操作，按值长的命令执行。事故处理除外，但事后应立即汇报。

（3）停电拉闸必须按照断路器、负荷侧隔离开关、母线侧隔离开关的顺序依次操作，送电合闸顺序与此相反，严防带负荷拉、合闸。

（4）变压器的停送电。

1）主变压器的停送电必须在中性点直接接地的情况下进行。

2）主变压器与发电机为单元式接线，投入运行时，采用从零升压方式；停运时，采用降压方式。

3）厂用变压器（包括启动备用变压器）送电应由高压侧充电，良好后投入低压侧断路器，接带负荷停电应先断开低压侧断路器，而后由高压侧断路器停电。

4）变压器送电前差动（或速断）、瓦斯保护必须投入，并检查相关保护投入正确。

5）按要求启用冷却装置。

6）变压器停电应首先考虑厂用电，当厂用母线已由另一电源供电时，方可停电操作。

7）升压变压器停电时，顺序拉开高压侧断路器、低压侧断路器、高压侧隔离开关、低压侧隔离开关，送电时的操作顺序与此相反。

8）降压变压器停电时，顺序拉开低压侧断路器、高压侧断路器、低压侧隔离开关、高压侧隔离开关，送电时的操作顺序与此相反。

（5）装设接地线应先接接地端，后接导体端，接触良好。拆除顺序与此相反。

（6）设备停电检修时，断开开关的控制、信号及合闸电源。

（7）二次回路上工作，应断开该回路上启跳运行设备保护压板。

（8）下列各项可以不用操作票：

1）事故处理。

2）拉合断路器的单一操作。

3）拉开接地开关或拆除全厂仅有的一组接地线。

7.3.2　倒闸操作的基本要求

（1）隔离开关合上后，检查接触良好；隔离开关拉开后，应使刀片达到终止位置，隔离开关操作把手必须锁住。

（2）带电动操动机构的隔离开关，正常情况下不得手动操作，但应携带手操用具，以便交流掉电时应急使用。电动操动机构故障需手动操作时，应得到值长许可。

（3）断路器分、合闸操作时，注意指示灯、仪表变化，防止非全相运行。

（4）接地线严禁用缠绕的方法进行接地或短接，禁止使用不符合规定的接地线。

（5）每组接地线均应编号，存放在固定地点。

（6）装、拆接地线，应做好记录，交接班时应交代清楚。高处作业（如安装主变压器高压套管侧接地线）时，必须正确使用梯子及合格的安全带，梯子有专人扶好。操作时应注意人身防护，避免损坏设备。

（7）用绝缘棒操作时，应戴绝缘手套，雨天若必须操作室外高压设备时，绝缘棒应有防雨罩，穿绝缘靴。雷电时，禁止进行倒闸操作。

（8）在装有程序闭锁设备上进行倒闸操作，若必须强行解锁，必须得到值长许可。

（9）验电时，必须用电压等级合适而且合格的验电器，在检修设备进出线两侧分别验电。验电前，应先在有电设备上进行试验，确认验电器良好，高压验电必须戴绝缘手套。

（10）厂用 380/220V 母线通过环并倒备用电源时，要求厂用 6kV A 段和厂用 6kV B 段母线应由同一台变压器供电，系统运行正常，且环并断路器两侧电压差不大于额定电压的 5% 才许可倒换，否则必须采用瞬停倒换。

（11）厂用 380/220V 分支馈线回路通过环并倒换备用电源时，要求对应的厂用 380/220V 低压母线应在环并状态，且环并正常，待环并两侧同相间电压差接近 0V，方允许环并倒换，否则必须采用瞬停倒换。

（12）操作互感器之前，应特别注意保护和安全自动装置有无可能发生误动，二次负荷切换时应注意检查切换继电器确已励磁。

7.4 继电保护和安全自动装置工作时，运行人员的职责

7.4.1 运行人员的职责

（1）在继保及安自装置及其二次回路的工作，必须遵守《电业安全工作规程》（DL/8408—1991）和《电力系统继电保护规定汇编》的相关规定。

（2）运行中的设备，如断路器、隔离开关的操作、发电机/电动机的启停，其电流、电压的调整及音响、光字牌的复归，保护压板投、退由运行值班员进行。

（3）保护装置及二次回路的操作或工作，应得到调度或值长许可方可进行。

（4）工作前审查保护人员的工作票及安全措施，督促其采取有效措施防止保护误动。更改定值和变更接线要有生技部批准的定值通知单和图纸，方可允许工作。

（5）工作结束后现场验收，检查拆动的接线、元件、标志是否恢复，压板位置、继电保护记录簿中保护人员交代事项内容是否清楚明确等。

（6）调度管辖的保护装置新投入或经过变更时，负责和调度核对定值，无误后方可投运。

（7）负责对保护/安全自动装置及其回路定期巡视。

（8）如发现异常现象，及时联系保护人员，紧急情况下可退出故障保护装置。

（9）准确记录保护动作时掉牌信号、灯光信号并及时汇报。

7.4.2 保护投切规定

（1）保护及自动装置的操作，正常情况下，由值长（调度）下令，主值受令。由两人持"保护压板投切记录本"操作，操作完成后应在"运行日志"和"保护投切记录本"上记录。

（2）重要保护操作（如发电机-变压器组、母线、线路）由值长或主值监护；一般保护投切由副值监护（如 6kV、380V 辅机）。

（3）保护异常或事故情况下，允许单人操作。但事后应按规定在"运行日志"和"保护投切记录本"上记录。

（4）投入保护压板前，检查保护装置状态正常，用高内阻的万用表测量保护连片无出口信号。投入压板后检查接触良好。

（5）压板切除后断口开距应足够。

（6）进出保护室严禁使用对讲机等通信工具，并注意将门锁好。

7.5 交流系统异常及事故处理

7.5.1 厂用系统事故处理

（1）厂用工作电源因故障跳闸，备用电源自动投入即可。此时应复归开关及各种信号，

检查何种保护动作跳闸，判断并找出故障点。

（2）若厂用工作电源故障跳闸，而备用电源正常，但没有自动投入，按下列情况分别处理：

1）若未自投，则立即将备用电源手动强送一次（分支过流动作时严禁强送）。

2）若备用电源投入后又立即跳闸，绝对禁止再次强送电（证明故障极可能在母线上或因分路开关故障造成越级跳闸）。

• 若母线有明显故障点，则应隔离母线，转移负荷，恢复厂用设备的运行。

• 若母线上无明显故障，应拉掉厂用母线上的所有负荷，经检查无异常后对空母线充电（必要时测试绝缘），充电成功后根据厂用负荷的重要性对各分路依次进行检查，若无问题，则应迅速复电。

（3）当厂用380V工作电源运行，因故无备用电源时，若电源因故障跳闸，应按下列情况分别处理：

1）对于短时停电可能直接危及主机安全的重要负荷母线（如工作A、B段均失去），确认并非是由于反映电源内部故障的继电保护装置动作时，可强送该电源一次。若强送复跳，则不可再合。

2）对于较长时间停电可能危及主机安全的负荷母线（如公用A、B段均失去），对设备外观检查未发现明显异常，同时确认并非是由于反映电源内部故障的继电保护装置动作时，可强送该电源一次。若强送复跳，则不可再合。

3）对于一般负荷母线（如输煤），一般情况下不宜强送。

7.5.2 20kV线路断路器跳闸事故处理

（1）当重合闸投"单重"时，若线路断路器单跳重合成功，应立即将相关动作情况汇报调度。

（2）若线路断路器单跳重合不成功、重合闸拒动导致三相跳闸时，应对跳闸线路断路器及所辖相关设备进行详尽外观检查同时将相关保护、故障录波动作情况汇报调度。

（3）待供电局查线后，根据调度命令，检查相关保护投入正确、完备，可以对跳闸线路强送电一次。未得到调度命令时，严禁擅自强送。

（4）两台机运行时，若强送不成功，按照《双机单线运行技术措施》处理。

（5）试送电时应考虑相邻线路的稳定性，必要时应降低输送功率或切除线路重合闸，送电成功后投入。

7.5.3 锅炉熄火后电气处理

（1）锅炉熄火后，汽温、汽压将快速下降，为了有效利用锅炉剩余热容量，为吹扫和重新点火赢得时间，电气应立即切换厂用电至备用电源，配合汽机快减负荷至5MW。

（2）得到调度同意后切除PSS小开关。

（3）一般情况下不宜退出逆功率保护。

（4）若锅炉故障或汽机打闸，按事故停机处理。

7.5.4 甩负荷后电气处理

（1）尽快判明甩负荷原因。

（2）若系汽机甩负荷，尽量维持厂用和励磁稳定，防止微机励磁失灵造成过电压，控制机组各参数不超限。若厂用电无法维持，可切换至备用电源。若由于调门原因造成有功大幅波动，汇报调度授权后切除 PSS 小开关。

（3）若系电气甩负荷（发电机‐变压器组出口开关跳闸），当备用电源正常时，为了保障汽轮机组寿命，尽快瞬停切换厂用（逐段切除并注意备用泵的自投和掉电母线的恢复情况）。维持励磁稳定，汇报调度授权后切除 PSS 小开关，控制机组各参数不超限。待查明故障原因并隔离后，将机组并入电网。

（4）若无备用电源时，尽量维持机组稳定，若汽机参数超限打闸，按事故停机处理。

（5）若特殊运行方式下，由于对侧变电站故障导致机组自带 220kV 线路运行时，应注意高频保护的启动情况。一旦出口解列灭磁，按事故停机处理。

7.6　微机型厂用电快切装置

7.6.1　设备概述

PZH‐1C 微机厂用电快切装置采用了双 CPU 结构，可以实时响应外部信号，可靠进行切换和故障处理。

7.6.2　使用及运行

（1）并联或串联切换方式。由控制屏选择断路器切换确定。

（2）正常并联切换时自动与半自动选择。由控制屏选择断路器切换确定。切换方式应在切换前确定。在正常并联切换时，手动启动后，装置自动完成切换全过程。断路器在"半自动"位置时，手动启动后，只合上工作（备用）电源，跳开备用（工作）电源的工作由人工来完成（此功能在其他情况下无效）。

（3）装置要进行切换，必须具备两个条件：

1）不处于闭锁状态。

2）切换目标电源处于正常值以上。

（4）正常切换时，先要选择好所需的方式（串联/并联、自动/半自动），然后揿动"手动"按钮即可。

（5）装置平时应处于监控状态，切换方式应选择为非正常切换所用方式，以应付不可预知的非正常切换。

（6）装置动作一次后，向外发出"切换完毕"和"等待复位"信号。

（7）装置发出"等待复位"信号时，切换装置被闭锁。每次切换后应复位一次，以备下一次切换。

7.6.3　启动切换

正常切换前，先选择好所要的切换方式。切换完毕后再转到事故切换所需的切换方式，以备事故切换。切换步骤如下：

（1）选择好所要的切换方式（串联/并联、自动/半自动）。

（2）揿"手动"键起动切换。

（3）装置发出跳合闸命令，相应跳合指示灯亮并保持。

（4）切换完毕后，装置发出"切换完毕""等待复位"信号。

（5）揿"复位"键，"切换完毕""等待复位"信号解除，装置返回监控状态。

7.6.4 参数显示

（1）在装置处于监控状态时，按"确认"按钮进入主菜单屏，按"信息查阅"菜单进入信息查阅屏，再按"参数信息"菜单进行参数显示。

（2）按"确认"键翻屏。

（3）所有参数显示完毕，返回信息查阅屏，或在信息查阅屏按"取消"键退回主菜单屏。

7.6.5 常见异常信息及处理方法

（1）断路器位置异常。装置没有发生切换，而工作电源和备用电源断路器辅助触点均处于闭合或断开状态 50ms 以上。装置发出异常报警。请检查断路器辅助接点回路或装置"开关量输入"插件。

（2）跳合闸回路异常。装置通电时自检跳合闸出口回路，发现异常立即报警。按"试验"键检查跳合闸出口回路，发现异常立即报警。

（3）TV 未投入。正常运行时，母线 TV 应处于闭合状态。检查母线 TV 辅助触点回路。

（4）目标电源异常。工作电压（备用电压）低于设定值时，装置发出异常告警，检查工作电压（备用电压）值。

（5）RAM 故障。联系检修。

（6）参数不对应。设置参数出错或丢失，联系检修重设参数。

（7）打印机不能打印。

1）打印机未打开电源。

2）打印机缺纸。

3）在非监控状态按"打印"按钮，装置不响应。

4）打印机与装置间联络线未连接或联络线有断线。

5）打印机与切换装置间联络协议不一致。

7.6.6 自检

装置通电后，自动巡检内部电路、所设置参数和跳合闸出口继电器，出现异常立即报警，并可显示查询或打印出故障具体原因。如断路器位置异常、参数不对应、跳合闸回路异常、TV 未投、目标电源异常、A/D 检测、RAM 故障、通信故障等。

8 直流系统运行规程

8.1 设备技术规范

8.1.1 设备概述

（1）2×300MW 机组（分别为 3 号机和 4 号机）各配置一套独立的直流系统，直流系统配有电力高频开关电源、直流系统绝缘监测仪、电池巡检仪。直流系统接线为：动力组—单母线接线方式、控制组—单母线分段接线。

（2）每台机组的直流系统由 3 组蓄电池组成，2 组同容量蓄电池组分别对控制 2 段负荷供电，另一组对动力负荷、事故照明负荷和 UPS 供电。正常运行时，3 组蓄电池独立运行。

（3）每组蓄电池组设有一套独立的高频充电装置，正常情况下应使用对应高频充电装置。

正常情况下充电装置带全部直流负荷运行，并给蓄电池以一定的浮充电流，以补偿蓄电池的自放电。

（4）直流系统设有 JYM‐Ⅱ型微机直流绝缘监测仪，对直流控制用电源和动力用电源母线各馈线的绝缘状况进行巡回自动检测，及时查找接地点，并具有直流母线电压监察功能，长期在线监察直流母线电压状态，实时发出电压异常（过高或过低）报警信号。

（5）动力、控制用直流系统蓄电池均为阀控式，具有全密封、免维护（无须补充酸和水）、放电性能高的特点。

（6）每套直流充电装置设有两路电源，两路互为备用，当一路失电，另一路自动投入运行。

8.1.2 技术规范

（1）3 号机控制组直流技术规范见表 8‐1。

表 8‐1   3 号机控制组直流技术规范

控制电源名称	空气开关额定电流（A）	控制电源名称	空气开关额定电流（A）
3 号机汽机 MCC1KM1	32	3 号机汽机 MCC1KM2	32
3 号机汽机 MCC2KM1	40	3 号机汽机 MCC2KM2	32
380V 除灰Ⅰ段	32	除灰Ⅱ段	40
3 号机 380V 除尘ⅢA 段	32	3 号机 380V 除尘ⅢB 段	40
3 号锅炉 MCC1KM1	32	3 号锅炉 MCC1KM2	32
3 号锅炉 MCC2KM1	40	3 号锅炉 MCC2KM2	32
3 号机 380V 工作段分段开关控制盘	32	380V 照明段分段开关控制盘	32
启动备用变压器保护柜	32	3 号主变压器风冷控制箱	32

控制电源名称	空气开关额定电流（A）	控制电源名称	空气开关额定电流（A）
Ⅲ回 220KV 断路器控制电源Ⅰ组	32	Ⅲ回 220kV 断路器控制电源Ⅱ组	32
Ⅲ回线路保护柜电源	32	Ⅲ回线路保护电源	32
3 号机保护室直流小母线Ⅰ组	32	化学辅楼Ⅱ段	32
380V 公用Ⅱ段	32	380V 除灰Ⅱ段	32
3 号发电机 - 变压器组保护 A 柜	32	3 号机发电机 - 变压器组保护 A 柜	32
3 号发电机 - 变压器组保护 B 柜	40	3 号机发电机 - 变压器组保护 B 柜	32
3 号发电机 - 变压器组保护 C 柜	40	3 号机发电机 - 变压器组保护 C 柜	32
启动备用变压器保护 D 柜 KM1	40	启动备用变压器保护 D 柜 KM2	32
启动备用变压器保护 E 柜 KM1	32	启动备用变压器保护 E 柜 KM2	40
稳控主机柜	40	稳控从机柜	40
3 号机励磁调节柜	40	3 号机励磁调节柜	32
3 号机直流密封油泵控制箱	40	3 号机主机直流油泵控制电源	32
3 号机 6kV 工作ⅢA 段 KM2×2	32	3 号机 6kV 工作ⅢB 段 KM1×2	32
3 号机 6kV 工作ⅢA 段 KM1×2	32	3 号机 6kV 工作ⅢB 段 KM2×2	32
化学辅楼 MCC2KM1	32	化学辅楼 MCC2KM2	40
化学辅楼 MCC1KM1	32	化学辅楼 MCC2KM2	32
3 号机 380V 工作ⅢA 段 KM1×2	32	3 号机 380V 工作ⅢA 段 KM2×2	32
3 号机 380V 工作ⅢB 段 KM1×2	32	3 号机 380V 工作ⅢB 段 KM2×2	32
3 号机 380V 保安ⅢA 段 KM2	40	3 号机 380V 保安ⅢB 段 KM2	40
3 号机 380V 保安ⅢA 段 KM1	32	3 号机 380V 保安ⅢB 段 KM1	32
公用Ⅱ段 KM1	40	公用Ⅱ段 KM2	40
公用Ⅰ段 KM1	32	公用Ⅰ段 KM2	32
3 号机给煤机 MCCKM1	32	3 号机给煤机 MCCKM2	32
3 号机 380V 工作变控制盘	32	3 号机电气系统控制盘	32
3 号机 DCS 跳闸柜×2	32		

（2）3 号机动力直流技术规范见表 8 - 2。

表 8 - 2　　　　　　　　　　　3 号机动力直流技术规范

动力电源名称	空气开关额定电流（A）	动力电源名称	空气开关额定电流（A）
380V 除灰Ⅰ段 HM	32	380V 除灰Ⅱ段 HM	32
380V 电除尘ⅢA 段 HM	32	380V 电除尘ⅢB 段 HM	32
集控室常明灯	32	远动机房	32
3 号机 1 号小机 MEH 柜×2	32	3 号机 2 号小机 MEH 柜×2	32
3 号机 380V 工作ⅢA 段 HM×2	32	3 号机 380V 工作ⅢB 段 HM×2	32

动力电源名称	空气开关额定电流（A）	动力电源名称	空气开关额定电流（A）
380V 公用 I 段 HM	32	380V 公用 II 段 HM	32
3 号机 380V 保安 III A 段 HM	32	3 号机 380V 保安 III B 段 HM	32
照明 I 段	32	热控 DEH 总电源×2	63
3 号机 6kV III A 段 HM×2	100	3 号机 6kV III B 段 HM×2	100
热控 DCS 配电柜	100	3 号机小机直流油泵×2	100
3 号机直流密封油泵	100	热控总电源×2	100
3 号机主机直流事故油泵	250	3 号机 UPS 电源	630

（3）4 号机控制组直流技术规范见表 8-3。

表 8-3 4 号机控制组直流技术规范

控制电源名称	空气开关额定电流（A）	控制电源名称	空气开关额定电流（A）
4 号机汽机 MCC1KM1	40	4 号机汽机 MCC1KM2	40
4 号机汽机 MCC2KM1	40	4 号机汽机 MCC2KM2	40
4 号机 380V 除尘 IV A 段	32	4 号机 380V 除尘 IV B 段	32
4 号锅炉 MCC1KM1	32	4 号锅炉 MCC1KM2	32
4 号锅炉 MCC2KM1	40	4 号锅炉 MCC2KM2	32
4 号机 380V 工作段分段开关控制盘	32	380V 照明段分段开关控制盘	32
启动备用变压器保护柜	32	4 号主变压器风冷控制箱	32
IV 回 220kV 断路器控制电源 I 组	32	IV 回 220kV 断路器控制电源 II 组	40
IV 回线路保护柜电源	32	IV 回线路保护电源	32
4 号发电机-变压器组保护 A 柜	32	4 号发电机-变压器组保护 A 柜	32
4 号发电机-变压器组保护 B 柜	40	4 号发电机-变压器组保护 B 柜	32
4 号发电机-变压器组保护 C 柜	40	4 号发电机-变压器组保护 C 柜	32
稳控主机柜	40	稳控从机柜	40
6kV 除灰段	32	4 号机励磁调节柜控制电源×2	32
4 号机 6kV 工作 IV A 段 KM2×2	32	4 号机 6kV 工作 IV B 段 KM1×2	32
4 号机 6kV 工作 IV A 段 KM1×2	32	4 号机 6kV 工作 IV B 段 KM2×2	32
4 号机 380V 工作 IV A 段 KM1×2	32	4 号机 380V 工作 IV A 段 KM2×2	32
4 号机 380V 工作 IV B 段 KM1×2	32	4 号机 380V 工作 IV B 段 KM2×2	32
4 号机 380V 保安 IV A 段 KM2	32	4 号机 380V 保安 IV B 段 KM2	32
4 号机 380V 保安 IV A 段 KM1	32	4 号机 380V 保安 IV B 段 KM1	32
4 号机给煤机 MCC1KM1	32	4 号机给煤机 MCC1KM2	40
4 号机给煤机 MCC2KM1	40	4 号机给煤机 MCC2KM2	32

控制电源名称	空气开关额定电流（A）	控制电源名称	空气开关额定电流（A）
4号机 DCS 跳闸柜×2	32	4号机电气系统控制盘×2	32
2号公用变控制盘	32	循环水泵房控制盘	32
2号照明变控制盘	32	4号机厂用电快切柜×2	40
Ⅳ回远方切机线路保护柜×2	32	发动机故障录波屏	32

（4）4号机动力直流技术规范见表 8-4。

表 8-4　　　　　　　　　　　4 号机动力直流技术规范

动力电源名称	空气开关额定电流（A）	动力电源名称	空气开关额定电流（A）
380V 电除尘ⅣA 段 HM	32	380V 电除尘ⅣB 段 HM	32
4号机 380V 保安ⅣA 段 HM	32	4号机 380V 保安ⅣB 段 HM	32
4号机 380V 工作ⅣA 段 HM×2	32	4号机 380V 工作ⅣB 段 HM×2	32
4号机 1号小机 MEH 柜×2	32	4号机 2号小机 MEH 柜×2	32
主厂房检修段	32	热控总电源×2	63
4号机小机直流油泵×2	100	热控 DEH 总电源×2	100
4号机 6kV ⅣA 段 HM×2	100	4号机 6kV ⅣB 段 HM×2	100
热控 DCS 配电柜	100	4号机直流密封油泵	100
4号机主机直流事故油泵	250	4号机 UPS 电源	630

（5）蓄电池组技术规范见表 8-5。

表 8-5　　　　　　　　　　　蓄 电 池 组 技 术 规 范

设备名称	容量（Ah）		蓄电池个数（只）	蓄电池型号
动力组蓄电池	1500		104	6-GFM-1500-B
控制组蓄电池	组别 1	300	104	6-GFM-300-B
	2	300	104	6-GFM-300-B

（6）其他设备技术规范见表 8-6。

表 8-6　　　　　　　　　　　其 他 设 备 技 术 规 范

设备名称	型号		熔断器额定电流（A）
动力组蓄电池出口熔断器	NT2/RT36-4		1000
动力组充电装置至馈线母线熔断器/动力组充电装置出口熔断器	NT2/RT36-1		300/250
动力组试验回路熔断器	NT2/RT36-1		200/200
控制组蓄电池出口熔断器	组别 1	NT1/RT36-2	250/315
	2	NT1/RT36-2	250/315

设备名称	型号	熔断器额定电流（A）
控制组充电装置出口熔断器	NT00/RT36-00	160/160
控制组试验回路熔断器	NT00/RT36-00	125/125

8.2　直流系统的正常运行与维护

8.2.1　直流系统概述

（1）蓄电池运行指标见表 8-7。

表 8-7　　　　　　　　　　蓄 电 池 运 行 指 标

	项目	直流控制组系统	直流动力组系统
蓄电池	蓄电池终止电压	1.87V/只	1.87V/只
	浮充电压	2.25V/只	2.25V/只
	均衡充电电压	2.35V/只	2.35V/只
	浮充电时直流母线电压	$1.05U_e$	$1.05U_e$

（2）同一电压等级的 2 组蓄电池或充电装置不允许长时间并列运行（只允许短时并列切换）。正常运行时不允许以充电器或蓄电池作为电源单独向负载供电，当母线有接地信号时，禁止将母线并列。

（3）2 个直流电源并列，应符合下列条件：极性相同，电压相等，无接地。当两个直流系统的母线并列运行时，只允许投入一套绝缘监测装置。2 个不同母线段供电的馈线分支，不允许馈线联络部分直接进行并列，只有在母线并联以后，才允许并联倒换。

（4）动力直流系统正常时，2 台机组分别运行。当一台机组直流系统充电装置或蓄电池组故障退出运行时，另一台机组动力直流系统可向其供电。

（5）控制直流系统正常时为单母线分段运行。当一段母线充电装置或蓄电池组故障退出运行时，另一段母线可向其供电。

（6）直流母线电压正常应保持在 220～242V，当母线电压超出上述范围，应及时调整硅整流装置的电流，维持母线电压。

（7）蓄电池应经常投入、并在浮充电状态下运行，一般采用恒压方式充电，初始电流为 0.1A。如必须采用恒流方式，应严格控制单体电池电压，防止蓄电池损坏。

（8）双电源供电的控制电源和动力电源正常情况下两路运行，中间断环。

（9）汽机启、停事故及直流油泵、直流密封油泵及电气启动逆变装置时，应及时监视调整浮充装置的输出，维持直流母线电压。

（10）每班班中测记一次控制组、动力组蓄电池的浮充电压和浮充电流。

（11）加强直流系统熔断器管理，防止越级熔断扩大直流系统停电范围。每年进行一次直流系统熔断器校验工作。

（12）直流系统各级熔断器的整定，必须保证级差的合理配合。上、下级熔断体之间额定电流值，必须保证 2～4 级级差。电源端选上限，网络末端选下限。

（13）直流发生接地后，禁止在二次回路上进行无关工作。

（14）蓄电池组在充电正常后才允许投入运行。

（15）每套控制组充电装置配有 6 组充电模块，每套动力组充电装置配有 11 组充电模块，不允许用投、切模块的方式启停充电装置，以防个别模块过负荷（$n+1$ 模式，可有一块退出运行）。

8.2.2　直流系统的正常运行与维护

（1）充电装置的检查。

1）各小开关位置正确。

2）各装置上的表计、信号、指示灯、熔断器、切换开关无异常。

3）接头无松动、发热、无异味及异常音响。

4）同一套充电装置内各充电模块输出电流均衡。

（2）直流母线及配电装置运行中的检查。

1）直流系统绝缘良好，无接地现象。

2）各表计、信号指示正确。

3）各小开关正确投入，无过热现象。

8.2.3　蓄电池的投入与停止运行操作

（1）新安装和检修后的蓄电池投入运行前应做如下工作：

1）检查工作票全部终结。

2）检查安全措施全部拆除，检修交代明确。

3）蓄电池回路清洁干净，接线正确。

4）蓄电池在充电结束，应静止 1～2h 后，方可投入运行。

（2）蓄电池投入运行时的操作（以 3 号机控制组为例）。

1）得值长令：3 号机直流控制Ⅰ（Ⅱ）组蓄电池拆除安全措施，恢复正常运行方式。

2）取下 3 号机直流控制Ⅰ（Ⅱ）组联络双联开关把手上一块"禁止操作，有人工作"标示牌。

3）取下 3 号机直流控制Ⅰ（Ⅱ）组充电方式双联开关把手上一块"禁止操作，有人工作"标示牌。

4）给上 3 号机直流控制Ⅰ（Ⅱ）组蓄电池熔断器。

5）检查 3 号直流控制Ⅰ、Ⅱ组系统运行正常，无接地。

6）检查 3 号机直流控制Ⅰ（Ⅱ）组充电机、蓄电池组及其回路处于良好备用。

7）启动 3 号机直流控制Ⅰ（Ⅱ）组充电机（视实际情况定）。

8）检查 3 号机直流控制Ⅰ（Ⅱ）组蓄电池已充足。

9）检查 3 号机直流控制Ⅰ（Ⅱ）组充电方式双联开关充供侧上、下桩压差小于 $5\%U_e$。

10）通知相关人员，切换 3 号机直流控制Ⅰ（Ⅱ）组母线供电方式。

11）将 3 号机直流控制Ⅰ（Ⅱ）组充电方式双联开关切至充供方式。

12）检查 3 号直流控制Ⅰ、Ⅱ组系统正常。

13）检查 3 号机直流控制Ⅰ（Ⅱ）组充供开关确已合上。

14）检查 3 号机直流控制Ⅰ（Ⅱ）组单充开关确已断开。

15）将 3 号机直流控制Ⅰ（Ⅱ）组联络双联开关切至电池连接位置。

16）检查 3 号机直流控制Ⅰ（Ⅱ）组母联开关确已断开。

17）检查 3 号机直流控制Ⅰ（Ⅱ）组电池连接开关确已合上。

18）合上 3 号机直流控制Ⅰ（Ⅱ）组直流绝缘监测装置电源开关。

19）检查 3 号机直流控制Ⅰ、Ⅱ组系统运行正常。

20）汇报值长，3 号机直流控制Ⅰ（Ⅱ）组蓄电池已恢复正常运行方式。

（3）蓄电池组停止运行的操作（以 3 号机控制组为例）。

1）得值长令：3 号机直流控制Ⅰ（Ⅱ）组蓄电池停运并做安全措施。

2）就地检查 3 号机 220V 控制Ⅰ、Ⅱ直流系统运行正常，无接地。

3）检查 3 号机直流控制Ⅰ（Ⅱ）组母联回路处于良好备用状态。

4）检查 3 号机直流控制Ⅱ（Ⅰ）组蓄电池已充足，充电机输出直流电流在允许范围。

5）检查 3 号机直流控制Ⅰ（Ⅱ）组充电方式双联开关在充供方式。

6）检查 3 号机直流控制Ⅰ（Ⅱ）组联络双联开关母联侧上下桩压差小于 $5\%U_e$。

7）通知相关人员，切换 3 号机直流控制组Ⅰ（Ⅱ）母线供电方式。

8）将 3 号机直流控制Ⅰ（Ⅱ）组联络双联开关切至母联位置。

9）检查 3 号直流控制Ⅰ（Ⅱ）组系统正常。

10）检查 3 号机直流控制Ⅰ（Ⅱ）组母联开关确已合上。

11）检查 3 号机直流控制Ⅰ（Ⅱ）组电池连接开关确已断开。

12）将 3 号机直流控制Ⅰ（Ⅱ）组充电方式双联开关切至中停方式。

13）检查 3 号机直流控制Ⅰ（Ⅱ）组充供开关确已断开。

14）检查 3 号机直流控制Ⅰ（Ⅱ）组单充开关确已断开。

15）检查 3 号机直流控制Ⅰ、Ⅱ组负荷母线运行正常。

16）检查 3 号机直流控制Ⅱ（Ⅰ）组绝缘检测仪运行正常。

17）断开 3 号机直流控制Ⅰ（Ⅱ）组绝缘检测仪电源开关。

18）在 3 号机直流控制Ⅰ（Ⅱ）组联络双联开关把手上挂一块"禁止操作，有人工作"标示牌。

19）在 3 号机直流控制Ⅰ（Ⅱ）组充电方式双联开关把手上挂一块"禁止操作，有人工作"标示牌。取下 3 号机直流控制Ⅰ（Ⅱ）蓄电池组熔断器。

20）汇报值长，3 号机直流控制Ⅰ（Ⅱ）蓄电池已停运。

（4）蓄电池充放电维护（以 3 号机控制组为例）。

1）得值长令：3 号机直流控制Ⅰ（Ⅱ）组由正常运行方式切至蓄电池充放电维护方式并做安全措施。

2）就地检查 3 号机 220V 控制Ⅰ、Ⅱ直流系统运行正常，无接地。

3）检查 3 号机直流控制Ⅰ（Ⅱ）组母联回路处于良好备用状态。

4）检查 3 号机直流控制Ⅱ（Ⅰ）组蓄电池已充足，充电机输出直流电流在允许范围。

5）检查 3 号机直流控制Ⅰ（Ⅱ）组充电方式双联开关在充供方式。

6）检查 3 号机直流控制Ⅰ（Ⅱ）组联络双联开关母联侧上下桩压差小于 $5\%U_e$。

7）通知相关人员，切换 3 号机直流控制组Ⅰ（Ⅱ）母线供电方式。

8）将 3 号机直流控制Ⅰ（Ⅱ）组联络双联开关切至母联位置。

9）检查 3 号直流控制Ⅰ（Ⅱ）组系统正常。

10）检查 3 号机直流控制Ⅰ（Ⅱ）组母联开关确已合上。

11）检查 3 号机直流控制Ⅰ（Ⅱ）组池联开关确已断开。

12）将 3 号机直流控制Ⅰ（Ⅱ）组充电方式双联开关切至中停（单充）方式。（视检修要求）

13）检查 3 号机直流控制Ⅰ（Ⅱ）组充供开关确已断开。

14）检查 3 号机直流控制Ⅰ（Ⅱ）组单充开关确已断开。

15）检查 3 号机直流控制Ⅰ（Ⅱ）组单充开关确已合上（单充）。

16）检查 3 号机直流控制Ⅰ、Ⅱ组负荷母线运行正常。

17）检查 3 号机直流控制Ⅱ（Ⅰ）组绝缘检测仪运行正常。

18）断开 3 号机直流控制Ⅰ（Ⅱ）组绝缘检测仪电源开关。

19）在 3 号机直流控制Ⅰ（Ⅱ）组联络双联开关把手上挂一块"禁止操作，有人工作"标示牌。

20）检查 3 号机直流控制Ⅰ（Ⅱ）组试验开关确已断开（视检修要求）。

21）在 3 号机直流控制Ⅰ（Ⅱ）组试验开关把手上挂一块"禁止操作，有人工作"标示牌（视检修要求）。

22）在 3 号机直流控制Ⅰ（Ⅱ）组充电方式双联开关把手上挂一块"禁止操作，有人工作"标示牌。

23）汇报值长，3 号机直流控制Ⅰ（Ⅱ）组已由正常运行方式切至蓄电池充放电维护方式并做安全措施。

（5）蓄电池充放电维护后恢复（以 3 号机控制组为例）。

1）得值长令：3 号机直流控制Ⅰ（Ⅱ）组拆除安全措施，恢复正常运行方式。

2）取下 3 号机直流控制Ⅰ（Ⅱ）组联络双联开关把手上一块"禁止操作，有人工作"标示牌。

3）取下 3 号机直流控制Ⅰ（Ⅱ）组充电方式双联开关把手上一块"禁止操作，有人工作"标示牌。

4）取下 3 号机直流控制Ⅰ（Ⅱ）组试验开关把手上一块"禁止操作，有人工作"标示牌（视实际情况定）。

5）检查 3 号直流控制Ⅰ、Ⅱ组系统运行正常，无接地。

6）检查 3 号机直流控制Ⅰ（Ⅱ）组充电机、蓄电池组及其回路处于良好备用（保险）。

7）启动 3 号机直流控制Ⅰ（Ⅱ）组充电机（视实际情况定）。

8）检查 3 号机直流控制Ⅰ（Ⅱ）组蓄电池已充足。

9）检查 3 号机直流控制Ⅰ（Ⅱ）组充电方式双联开关充供侧上下桩压差小于 $5\%U_e$。

10）通知相关人员，切换 3 号机直流控制Ⅰ（Ⅱ）组母线供电方式。

11）将 3 号机直流控制Ⅰ（Ⅱ）组充电方式双联开关切至充供方式。

12）检查 3 号直流控制Ⅰ、Ⅱ组系统正常。

13）检查 3 号机直流控制Ⅰ（Ⅱ）组充供开关确已合上。

14）检查 3 号机直流控制 Ⅰ（Ⅱ）组单充开关确已断开。

15）将 3 号机直流控制 Ⅰ（Ⅱ）组联络双联开关切至池联位置。

16）检查 3 号机直流控制 Ⅰ（Ⅱ）组母联开关确已断开。

17）检查 3 号机直流控制 Ⅰ（Ⅱ）组池联开关确已合上。

18）合上 3 号机直流控制 Ⅰ（Ⅱ）组直流绝缘监测装置电源开关。

19）检查 3 号机直流控制 Ⅰ、Ⅱ组系统运行正常。

20）汇报值长，3 号机直流控制组已恢复为正常运行方式。

21）蓄电池的正常维护由电气维修人员负责。

8.2.4 直流系统的异常和事故处理

（1）直流母线电压高报警。

1）就地检查母线电压。

2）检查充电装置，如系充电模块引起，退出故障模块，联系检修处理（$n+1$ 模式，可有一块退出运行）。

3）询问汽机有无直流油泵跳闸。

（2）直流母线电压低报警。

1）就地检查母线电压。

2）询问汽机有无设备非正常启动。

3）检查充电装置，确系直流母线电压低，应及时调整。

4）若系模块引起，退出故障模块（$n+1$ 模式，可有一块退出运行），联系检修处理，必要时切换充电装置。

（3）当发生直流系统一点接地故障时，检查接地电压的高低，尽快会同保护人员共同处理，不得长时间带接地点运行。

（4）当接地点未发生在馈线上时，倒母线或切换充电装置进一步查找。

（5）寻找直流接地点时的注意事项。

1）与相关专业的负责人取得联系。

2）一人监护，一人操作。对设备较为熟悉者作为监护人。

3）严防人为造成另一点接地。

4）寻找汽机的直流事故油泵、氢侧密封油泵、空侧密封油泵时，一定要确认设备在停运状态，寻找后恢复原状态。

5）当所寻找的回路属调度所管辖的设备时，需停用保护、自动装置时，应取得调度同意。

6）机组运行期间，配合保护人员用便携式专用定位仪查找，减少对重要负荷的拉路。

7）当进行有可能导致直流电源失去或短时失去的操作时，应充分考虑微机保护（如线路、母线保护等）有无可能发生误动，并采取防范措施（切除相关保护压板）。

8.2.5 GZDWK 电力高频开关电源

（1）GZDWK 电力高频开关电源基本构成。

1）充电模块，完成 AC/DC 变换实现系统最为基本的功能。

2）交流配电，将交流电源引入，分配给各个充电模块。

3）直流馈电，将直流输出电源分配到每一路输出。

4）配电监控，将系统的交流、直流中的各种模拟量、开关量信号采集并处理，同时提供声光告警。

5）监控模块，进行系统管理，主要为电池管理和实现后台远程监控。

（2）技术规范。

1）控制高频开关设备参数见表 8-8。

表 8-8　　　　　　　　　　控制高频开关设备参数

交流输入额定电压（V）	～380V＋10％三相三线
交流输入额定频率（Hz）	50
直流输出直流系统电压（V）	220

2）HD22020-3 充电模块参数见表 8-9。

表 8-9　　　　　　　　　　HD22020-3 充电模块参数

项目		指标
输入	电压	323～475V（三相三线制）
	电流	≤15A
	频率	45～65Hz
输出	电压	176～286V
	额定电流	20A
	最大电流	20.5A（输出电压 260V）

（3）故障及异常。

1）LED 显示面板故障代码见表 8-10。

表 8-10　　　　　　　　　　LED 显示面板故障代码

故障代码	E31	E32	E33	E34	E36
代码含义	输出欠压	模块过温	交流过欠压	交流缺相	输出过压

2）指示灯见表 8-11。

表 8-11　　　　　　　　　　指　示　灯

指示标识	正常状态	异常状态	异常原因
电源指示灯（绿色）	亮	灭	无输入电压以至模块内部的辅助电源不工作
保护指示灯（黄色）	灭	亮	（1）输入电压或输出电压超出正常范围。 （2）模块内部过热。 （3）模块未完全插好
故障指示灯（红色）	灭	闪烁	风扇故障，不转动

8.2.6 PSM－E20 监控模块

（1）PSM－E20 监控模块功能介绍。监控模块是监控系统的数据处理中心。通过通信口与 PFU－12（配电监控模块）、PFU－13（开关量采集模块）、HD 系列充电模块、JYM－M2 绝缘仪、BM－1 电池仪通信完成电力操作电源系统运行数据采集，并根据这些运行数据完成蓄电池组的自动均浮充转换及故障告警。

（2）正常运行。

1）电力高频开关正常运行中，严禁运行人员更改各项设置。

2）PSM－E20 监控模块菜单介绍。电力电源系统在完成安装以及接线，并确认接线无误后，合上监控模块电源开关。主信息屏显示第一组电池数据。按 F3 键（对应版本）可查看系统信息。按 F2 键，可调出主菜单屏。主菜单屏下显示各子菜单及其序号，按相应序号则可进入对应子菜单。如有下页指示，可按 F4 键（对应下页）查看后续数据。

在主菜单屏按 4 键可查看系统对地绝缘数据，见表 8 - 12。

表 8 - 12　　　　　　　　　　　　系 统 对 地 绝 缘 数 据

电阻值（kΩ）	含义
100	表示该支路未检测到互感器。如果连接了互感器，没有将 R 校准线穿过互感器后接地，该支路将显示同样的值
111	表示该支路有互感器，且无接地故障发生
113	（1）零点错误。 （2）支路互感器信号可能受到干扰。 （3）检查布线是否满足支路互感器信号线接地屏蔽以及与其他大功率线的距离要求
117	（1）频率错误。 （2）支路互感器信号可能受到干扰。 （3）检查布线是否满足支路互感器信号线接地屏蔽以及与其他大功率线的距离要求
200	（1）初始值。 （2）上电整定完之前，显示支路电阻为 200kΩ
400	（1）正在整定。 （2）主机正在检测支路互感器
999	（1）支路接地电阻很大。 （2）若做完模拟接地故障后又去除，系统绝缘恢复正常显示此值。 （3）母线交流过大时，所有支路电阻都赋值为 999kΩ
其他值	表示的是实际检测的值

9　不间断电源系统（UPS）运行规程

9.1　设备概述及规范

9.1.1　设备概述

（1）交流不停电段由不间断电源设备（UPS）供电，UPS 主机共设计有 4 路电源输入，即经整流器输入、经直流输入、经备用旁路输入、经手动维修旁路输入。

（2）UPS 可保证向用户负载提供连续、稳定和精确的 220V 输出电源，即使在市电中断时，UPS 设备也可运行于后备模式以保证系统供电的连续性和稳定性。

（3）UPS 系统由旁路隔离稳压柜、UPS 主机、馈线柜组成，UPS 主机可通过直流启动（冷启动）。旁路隔离稳压柜、UPS 主机柜内均设有专用检修旁路，可在系统不停电时进行设备检修维护。

9.1.2　技术规范

UPS 分路负荷技术规范见表 9 - 1。

表 9 - 1　　　　　　　　　　　UPS 分路负荷技术规范

3 号机 UPS 分路		4 号机 UPS 分路	
设备名称	开关型号	设备名称	开关型号
3 号机 UPS 输出总断路器	NS630N	4 号机 UPS 输出总开关	NS630N
3 号机 DCS 电源	NS250N	4 号机 DCS 电源	NS250N
3 号机锅炉总电源	NS100N	4 号机锅炉总电源	NS100N
3 号机汽机总电源	NS100N	4 号机汽机总电源	NS100N
ECS 电源	C65	ECS 系统网络柜	C16
3 号机网络设备电源	C65	ECS 工程师站	C32
3 号机汽机 DEH 电源	C65	4 号机汽机 DEH 电源	C63
3 号公用 ECS 电源	C65	4 号公用 ECS 电源	C63
热控公用 DCS 电源	C65	发电机 - 变压器组仪表	C16
ECS 服务器电脑电源	C40	ECS 系统通风管理机柜	C16
1 号切换柜	C32	电气保护屏控制电源一	C16
2 号切换柜	C32	电气保护屏控制电源二	C16
1 号整流柜	C32	除尘 IPC	C32
3 号发电机 - 变压器变组 A 柜	C16	4 号发电机 - 变压器组 A 柜	C40
3 号发电机 - 变压器组 B 柜	C16	4 号发电机 - 变压器组 B 柜	C40

续表

3 号机 UPS 分路		4 号机 UPS 分路	
3 号发电机 - 变压器组 C 柜	C16	4 号发电机 - 变压器组 C 柜	C40
2 号启动备用变压器保护 D 柜	C16	4 号机厂用快切屏	C32
3 号机厂用快切屏	C16	4 号发电机 - 变压器组故障录波	C32
3 号发电机 - 变压器组故障录波	C16	4 号发电机 - 变压器组测控屏	C32
3 号发电机 - 变压器组测控屏	C16		
2 号启动备用变压器测控屏	C16		
电气继电器室	C16		
远动电源	C16		

9.2　UPS 的运行和启停切换

9.2.1　UPS 的运行概述

（1）UPS 主机由整流器、逆变器、隔离变压器、插拔式静态开关组成，正常运行中，交流输入电源经隔离变压器和整流器变压整流后输出至逆变器，再由逆变器逆变成交流电源经静态开关输出至馈线母线，确保输出稳定电源给负载；直流输入接至整流器输出处，当整流器故障和市电异常时可代替整流器输出；当逆变器异常时静态开关可自动转换至备用电源输出。

（2）正常运行中，禁止运行人员更改已设定的 UPS 的运行参数及状态。

（3）正常运行中，UPS 主机柜内主电源输入开关、直流输入开关、备用旁路断路器，旁路隔离稳压柜内旁路电源输入开关均应合上。

（4）正常运行中 UPS 主机柜内手动维修旁路断路器严禁合上。

（5）静态开关转换试验每年停机时至少做一次（保护人员负责，运行配合）。

（6）UPS 电源切换前，应检查相应备用电源系统正常，旁路无压时严禁切至旁路运行。操作时履行采用操作监护制度。

9.2.2　UPS 系统的日常检查

（1）馈线母线、断路器、输电线路外观无损坏。

（2）状态显示灯显示已实际运行方式相符，运行方式正确，无告警信号，蜂鸣器无鸣叫。

（3）UPS 散热孔通畅无异物，风扇运行正常。

（4）柜内无异常声响，无异味。

9.2.3　UPS 主机 LED 状态显示

UPS 主机 LED 状态显示见表 9-2。

表 9 - 2　　　　　　　　　　　UPS 主机 LED 状态显示

LED 显示灯	状态	表示信息
INVERTERON	亮	逆变器运行中
INVERTERSS	亮	备用电源静态开关切断，逆变器静态开关激活，输出负载由逆变器供应
SHORTCIRCUIT	亮	UPS 输出短路
FUSE/OVERTEMPERATURESD	亮	熔断器断开或温度过高导致逆变器停止运行
INVERTERFAILSSHUTDOWN	亮	逆变器输出电压异常导致逆变器停止运行
BYPASSONSHUTDOWN	亮	维修旁路空气开关闭合使逆变器自动停止运行
HIGHDCSHUTDOWN	亮	逆变器运行时由于直流总线电压过高而导致逆变器停止运行
OVERLOADSHUTDOWN	亮	由于连接的负载超出逆变器承受范围而导致逆变器停止运行
70%LOAD	亮	UPS 连接的负载超过额定值的 70%
110%LOAD	亮	UPS 连接的负载超过额定值的 110%
125%LOAD	亮	UPS 连接的负载超过额定值的 125%
150%LOAD	亮	UPS 连接的负载超过额定值的 150%
RESERVEACFAIL	亮	交流备用电源电压超出额定范围
RESERVEFREQFAIL	亮	交流备用电源频率超出额定范围
BATTERYLOW	亮	直流电源低，接近蓄电池最低工作电压
BATTERYLOWSHUTDOWN	亮	直流电源电压低于逆变器可承受的最低直流电压而导致逆变器停止运行
RECTACFAILS	亮	整流器交流输入电压超出额定范围
ROTATIONERROR	亮	整流器交流输入相序错误
RECTIFIERSHUTDOWN	亮	直流总线电压过高，达到 320V，导致整流器关闭，异常排除后整流器将在 30s 后自动重启
HIGHDC	亮	直流电压超过 300V DC，UPS 限压功能启动，电压不再上升
BOOSTCHARGE	亮	蓄电池由整流器进行均充（未配）
BATTERYTEST	亮	蓄电池处于检测状态
EMERGENTSTOP	亮	紧急停止开关被激活导致逆变器停止运行
DATALINE	闪烁	表示通信接口在传送资料或接收信息

9.2.4　UPS 系统启、停操作

（1）旁路隔离稳压柜的启动。

1）检查本机输出空载。

2）检查旁路电源已送至柜内。

3）打开本机输入电源开关，置于"ON"。

4）检查 LCD 显示面板显示正常。

5）测量实际输出电压是否正常。

（2）旁路隔离稳压柜的停运。

1）检查本机输出为空载。

2）关闭本机输入电源开关，置于"OFF"。

（3）UPS 主机开机程序。

1）检查旁路隔离稳压柜输出正常，备用电源已送入 UPS 柜。

2）闭合备用旁路输入开关，此时备用电源指示灯和系统输出指示灯亮起，备用旁路回路存在电能，UPS 设备开始向用户负载提供输出，散热风扇开始运行。

3）闭合整流器输入开关：若 UPS 设备输入端与市电正确连接，则闭合整流器输入开关后，整流器将自动开始运行，此时整流器输出直流电压逐渐升至额定值（需 15～30s），当该电压升至额定值之后将始终保持恒定状态，此时整流器可向逆变器提供直流输出。

4）闭合直流输入开关：从安全角度考虑，直流输入回路设置了保险。当直流输入开关闭合后，在整流器发生故障或市电中断的情况下，直流系统为逆变器提供直流输入汉字。

5）逆变器启动开关和逆变器控制开关同时按下之后，逆变器启动并在大约 4s 后可向负载供电，经过大约 3s，静态开关自动将 UPS 从备用旁路输出转换至逆变器输出，此时 UPS 开始运行于正常工作模式。

6）检查面板指示灯是否正确显示，所有位于画板右侧的报警指示灯均应处于熄灭状态。位于面极左侧的"INVERTERON"和"INVERTERSS"指示灯亮起，若此时所连接的负载超过额定值的 70%，则"70%LOAD"指示灯也将亮起。

（4）UPS 主机停机程序。

1）使逆变器停止运行：同时按下逆变器停止开关和逆变器控制开关，逆变器将停止运行，此时静态开关自动切换至由备用电源输出至负载。

2）断开直流输入开关。

3）断开整流器输入开关：在断开该开关约 5min 之后，直流总线电压将降至 20V 以下。

4）断开备用旁路输入开关：在断开该开关之后 UPS 设备的输出将完全中断。

（5）UPS 主机由正常运行模式切换至维修旁路模式操作程序。

1）使逆变器停止运行：同时按下逆变器停止开关和逆变器控制开关。

2）断开直流输入开关，取下熔断器。

3）断开整流器输入开关。

4）UPS 内部直流总线电压降至 20V 以下后（约 5min），闭合手动维修旁路开关。闭合该开关之后，由于维修旁路阻抗较低，因此，市电通过维修旁路输出至负载，而备用旁路输入开关仍处于闭合状态。

5）断开备用旁路输入开关，在断开该开关之后除维修旁路外，UPS 输入已经完全切断。

6）断开 PCB 盒后方的控制保险。

7）抽出静态开关模块，该模块抽出之后，UPS 主回路和备用旁路回路均与市电完全隔离，可确保维护、维修人员的安全。

（6）UPS 主机由从维修旁路模式切换至正常运行模式操作程序。

1) 插入静态开关模块。

2) 给上 PCB 盒后方的控制保险。

3) 检查旁路隔离稳压柜输出正常，备用电源已送入 UPS 柜。

4) 闭合备用旁路输入开关。

5) UPS 内部直流总线电压升至 220V 后，断开维修旁路开关，若维修旁路开关处于闭合状态，逆变器将无法启动。

6) 闭合整流器输入开关。

7) 给上直流保险。

8) 闭合直流输入开关。

9) 逆变器启动开关和逆变器控制开关同时按下。

9.3　UPS 的异常及事故处理

9.3.1　UPS 主机 LED 报警显示

UPS 主机 LED 报警显示见表 9 - 3。

表 9 - 3　　　　　　　　　　　　　　UPS 主机 LED 报警显示

LED 报警灯	状态	报警信息
RECTIFIERACFAILS	亮	由于整流器输入交流电压超过承受范围或输入相序错误而导致的整流器输入异常，整流器将关闭
RESERVEFAIL	亮	由于备用旁路交流输入电压超出范围或交流输入频率超出承受范围而引起的备用旁路交流输入异常
FUSE/TEMP	亮	逆变器熔丝断开或温度过高
OVERLOAD	亮	UPS 处于过载状态，所连接负载超过 110%、125%、150%额定值
HIGHDC	亮	直流电压超过 300V 时，该 LED 指示灯将会亮起
BATLOW	亮	直流电压低于 180V 时，该 LED 指示灯将会亮起
BATLOWSTOP	亮	直流电压低于 165V 时，该 LED 指示灯将会亮起，逆变器被停止运行
FAULT	亮	由于不正常状况诸如严重过载、短路、输出高/低压、熔丝熔断/温度过高、旁路断路器闭合或紧急停机键按下等导致的逆变器停止运行

9.3.2　UPS 运行中逆变器停止运行

(1) 检查备用旁路是否自动投运，UPS 输出是否正常，如无输出应及时切至检修旁路。

(2) 检查整流器运行是否正常，输入电源是否正常。

(3) 直流供电是否正常，有无短路。

(4) 检查逆变器是否过载，PCB 盒内保险是否完好。

(5) 检查静态开关是否正常。

9.3.3　UPS 运行中整流器故障

(1) 检查直流供电是否正常，UPS 输出是否正常，如无输出应及时切至检修旁路。

（2）查看整流器报警，检查整流器输入是否正常。

（3）如整流器存在明显故障征兆（冒烟、焦臭、短路放电声），应切至检修旁路，对 UPS 断电隔离并通知检修。

9.3.4　静态开关故障或隔离变故障

（1）检查 UPS 输出是否正常，如无输出应及时切至检修旁路。

（2）查看报警，检查 UPS 供电回路无异常，通知检修。

9.4　UPS 主机技术说明

9.4.1　UPS 系统技术规格

系统技术规格见表 9-4。

表 9-4　　　　　　　　　　　系 统 技 术 规 格

型号		ALP-80K-1-DC 220
容量		80kVA
系统构架		双变换在线式
额定输入电压 输入范围		AC 380V AC 300～AC 520V
额定输入频率 范围		50Hz ±10%
额定输出电压		AC 220V
额定输出频率		50Hz
整流器	正常输入电流	132A
	最大输入电流	165A
	极限电流	200A
逆变器	允许输入直流电压范围	DC 165～DC 285V
	额定输出电压	AC 220V/AC 230V/AC 240V

9.4.2　面板操作

（1）任意按下上移、下移、确认键中任意一键将显示其他画面。该画面显示诸多项目，使用者可以利用光标"→"移动来选择需要查询的 UPS 数据资料或更改 UPS 的某些设定，诸如逆变器开/关、蜂鸣器开/关、更改各种时间和参数设定等。

（2）光标可以利用上移"↑"键或下移"↓"键来选择想要查询的数据资料，操作完成后按下确认"←┘"键返回上级画面。"←┘"键在有下级操作时也作为确认键。

9.5　UPS 旁路隔离稳压柜技术说明

9.5.1　型号

UPS 旁路隔离稳压柜的常用型号为 ALP‑ISO‑AVR‑A180。

9.5.2　正常自动运行模式

ALP‑ISO‑AVR‑A180 型 UPS 旁路隔离稳压柜的机内双刀断路器旋到 AUTO，表示设备自动稳压运行。

9.5.3　手动旁路模式

ALP‑ISO‑AVR‑A180 型 UPS 旁路隔离稳压柜的机内双刀断路器旋到 BYPASS，表示设备停止自动稳压运行，直接将输入市电经旁路输出。此功能主要是作为故障检修用，不需断电移除设备就可直接维护或检修。

9.5.4　面板操作

（1）"UP""DOEN"键为上下切换键，可翻看 LCD 显示板显示的输入、输出参数。

（2）"ENTER"键为返回键，任意界面按"ENTER"时，可返回欢迎界面。

10 柴油发电机运行规程

10.1 设 备 概 述

10.1.1 柴油发电机主要性能

（1）柴油发电机组由柴油机、发电机、控制柜、切换屏4大部件，以及油路、冷却水路、蓄电池回路及充电装置、保护、控制、信号直流回路等辅助设备组成。

（2）柴油发电机具有自启动功能，当保安段母线失压时，柴油发电机组自动启动，经切换屏向保安负载供电。

10.1.2 柴油发电机技术规范

柴油发电机技术规范见表10-1。

表 10-1 柴油发电机技术规范

柴油发电机组型号	P990E1	柴油发电机组型号	P990E1
额定容量（kVA）	990	正常频率（Hz）	50
额定功率（kW）	720	超速保护动作频率（Hz）	55
额定电压（V）	400/230	功率因数	0.8
额定电流（A）	1299	额定转速（r/min）	1500
相数	3	发动机正常油压（kPa）	241～517
接线方式	Y	低油压停机值（kPa）	152
励磁方式	无刷自励/自稳压	蓄电池电压（V）	24～28
发动机正常水温（℃）	85	机组润滑油温（℃）	90～110
高水温停机值（℃）	95		

10.2 柴油发电机的正常运行与维护

10.2.1 保安电源正常运行方式

（1）保安电源正常运行时，由380V对应工作段经切换屏供电。

（2）保安段电源消失后，柴油发电机应自启动，经切换屏供对应保安段运行。

（3）当工作段电源恢复正常后，可合上保安段正常供电开关，切换屏经检测工作段电源正常，延时160s后自动切换为工作段电源供电，柴油发电机延时后自动停运。

（4）柴油发电机热备用状态时，合上其出口各断路器，控制屏、切换屏上的方式选择开关均应置于自动位置。

10.2.2　柴油发电机组的试转步骤

（1）启动。

1）检查柴油发电机组全系统处于良好状态（出口开关需合上）。

2）检查柴油发电机组切换屏处于良好备用（状态为自动，无异常报警）。

3）按下柴油发电机"手动启动"按钮，启动柴油发电机组。

4）检查柴油发电机组运行正常（参照技术规范，及运行检查项目）。

5）检查柴油发电机切换屏状态正常。

（2）停止。

1）按下柴油发电机"手动停止"按钮。

2）观察柴油发电机停运，无异音及摩擦（10min 以内，无异常不允许紧急停运）。

3）检查柴油发电机切换屏状态正常。

4）检查完全停转后，按下柴油发电机"自动运行"按钮，投入备用。

（3）注意事项。

1）试转时严禁使用"TESTWITHLOAD"（有载试机）方式。

2）正常情况下每周定期进行一次 5min 空载试转。

10.2.3　保安段正常运行中的检查

（1）工作电源与柴油发电机电源运行方式正确，母线、断路器、隔离开关良好。

（2）柴油发电机组处于良好备用状态。

（3）各表计、信号指示正确，接线无松脱，配电室内无异味。

10.2.4　柴油发电机启动前及正常备用状态的检查

（1）蓄电池电解液充足，浮充电压、电流正常，电极连接处无腐蚀。

（2）柴油机燃油、冷却液充足。

（3）机组转动部分无异物，风门状态正常，通道无杂物。

（4）控制屏、切换屏上各开关位置正确，无异常指示，接线无松脱。

（5）机组润滑油充足，油质良好。

（6）柴油发电机组各部件连接可靠，阀门开闭正确。

（7）紧急停机按钮在松弛位置。

（8）检修后若需测试绝缘时应联系检修人员断开自动调压器、断开旋转二极管、断开（所有控制回路、中点与地之间连线）电气相关回路后。用 500V 绝缘电阻表测量发电机线圈对地绝缘电阻应大于 5MΩ，否则应进行烘干。

10.2.5　柴油发电机正常运行中的检查

（1）本体各部无渗油、漏油。

（2）控制屏、切换屏上各开关位置正确，无异常指示，各参数在允许范围内。

（3）机组无异常声响，无振动或串轴，室内无异味。

（4）机组冷却系统水温正常，风扇运行良好，百叶窗已开启。

（5）蓄电池浮充电压、电流正常。

（6）机组润滑油压、油温、油色正常。

10.2.6　对柴油机组日常维护的特殊要求

（1）柴油机房内严禁烟火。

（2）补充发动机冷却液时，应保证其水质合格（除盐水或蒸馏水）并尽量加满。

（3）发动机在热态温度较高时，禁止补充冷却液（否则温差大，将导致气缸严重损坏），应待其充分冷却后，先拧送盖子，待气体释放后，方可将盖子完全拧开。

（4）燃油不足时应及时补充，机组一旦启动运转后严禁注入燃油。燃油加满后，正常情况下可保证全负荷运转 6h 左右。

（5）机组底部油箱设有专门的注油管路，锅炉燃油母管有压时，可稍开注油阀缓慢注油，注油时应打开底部油箱备用注油口塞子，以便空气正常排出。

（6）机组启动后，检查其排气风道处百叶窗应自动打开，否则需人工开启。

（7）正常停机时应避免使用"紧急停机按钮"，该功能仅限于事故紧急情况下使用。

（8）柴油发电机在 27.5s 内允许自动启动 3 次。

（9）手动启动机组时，启动时间不要超过 5～7s，两次启动时间要间隔 10s 以上，3 次启动不成功要重新检查失败原因。

（10）正常手动停机时，停机前应空载运行 3min。

10.3　柴油发电机的异常和事故处理

10.3.1　工作段电源消失

（1）检查柴油发电机组应自启动。

（2）如果柴油发电机组未自启动，立即到就地位置将控制开关切至启动位置，手动启动柴油机组。

（3）监视对应保安段母线电压、频率正常。

（4）若厂用电消失，注意监视柴油机各油位、水位，及时调整保安负荷，以免柴油发电机过载。

（5）查明原因，尽快恢复工作段电源。

10.3.2　保安段母线 TV 故障处理

（1）检查 TV 控制直流熔断器是否熔断。

（2）检查 TV 一、二次熔断器是否熔断，二次回路是否良好。

10.3.3　故障排除后

柴油机组故障报警排除后，将控制开关切至停止位置（重置电路），复位后再启动或投入自动。

11 电气监控系统（ECS）运行规程

11.1 ECS 的组成

11.1.1 ECS 概述

2×300MW 电气监控系统采用 SPAC—Me700 发电厂电气监控系统，实现基于保护、测控、智能装置的分层分布式电气综合自动化功能。采用分散式就地安装在开关柜上的集保护、测量、控制、通信为一体的智能化终端设备，如发电机综合保护测控装置、低压变压器保护测控装置、微机厂用馈线保护装置等。该系统通过通信网络（现场总线）将厂用电电气部分的保护测控终端装置组成一个分层分布式的综合自动化系统，实现电气系统的综合自动化，同时通过间隔层的通信管理机与 DCS 系统交换数据，从而实现发电厂的机、炉、电一体化监控。

11.1.2 ECS 的组成

发电厂 SPAC—Me700 电气自动化系统面向单元机组的厂用电保护及监控、公共段的保护及监控、发电机组的保护和控制调节和其他监测和智能设备的测量控制。厂用电系统配置如图 11 - 1 所示。

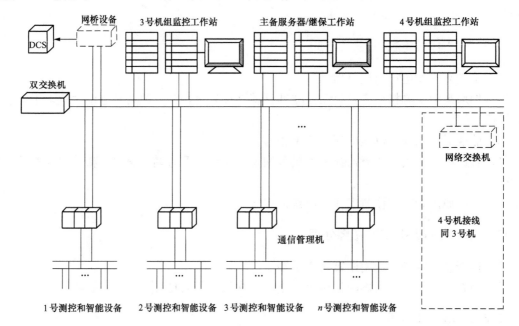

图 11 - 1 厂用电系统配置图

系统在后台监控层配置为双网、双服务器模式。

电气监控系统采用开放式、分层分布式网络结构，整个系统分为站控层和间隔层。站控层网络结构采用双以太网，间隔层采用现场总线双网络结构。站控层为厂用电设备监视、测量、控制、管理的中心，通过双绞线与间隔层相连。在站控层及网络失效的情况下，间隔层仍能独立完成间隔层的监测、保护和断路器控制功能。

站控层主要设备包括继保/工程师站（也可兼做操作员站）、打印机服务器及打印机、GPS 对时装置、动态路由器及网络设备等。

间隔层主要设备包括保护测控单元、通信接口单元、网络设备等。间隔层上的设备分散安装在开关柜上，电气监控系统的以太网与各个保护通信管理机单元连接，机组监控网分别与各个通信管理机单元连联，现场总线采用双网结构（CANBUS），间隔层的每台设备通过现场总线连接到保护通信管理机。

通过继保/工程师站对以太网进行数据隔离，设计防火墙，提高了电气系统的可靠性。在 DCS 系统停止工作后，ECS 仍然功能完整，可以继续运行。

11.1.3 站控层硬件组成及功能

（1）服务器功能。
1）双机冗余配置，互为热备用。
2）具有主处理器和服务器的功能。
3）数据收集、处理、存储及发送的中心。
4）向 RTU 发对时命令。
5）进行通信管理机规约转换。
6）通信通道质量的监视、记录、统计和报告。
7）和 RTU 统一时钟。
8）画面监视上下行通道源码信息。
9）标准时钟（GPS）接口。
10）承担历史数据的存储。
11）承担系统运行参数的保存。
（2）监控工作站功能。
1）显示发电机电气系统图。
2）显示主计算机系统运行状态。
3）各种画面报表、记录、曲线和文件的显示。
4）进行控制操作。
5）进行画面、数据库等编辑、修改功能等。
6）进行事件记录及报警状态显示和查询。
7）进行设备状态和参数的查询。
8）操作控制命令的解释和下达等。
9）运行人员能够实现对电气设备的运行监测和操作控制。
（3）继保工作站功能。
1）集中接收、处理和监视各种保护信息；保护工作站上可查看保护定值、测量值等，并可根据需要进行定值修改。
2）同时具备向外部系统包括 DCS，SIS 转发实时数据功能。

（4）卫星钟功能。

1）实现站控系统计算机设备的时间统一。

2）实现间隔层设备的时钟同步。

（5）打印机功能。

1）周期打印各种日、月报表，打印时间点可调。

2）召唤打印各种实时报表和历史报表。

3）实时打印各种异常和事故。

4）召唤或随时打印运行日志文件。

11.1.4　间隔层保护测控单元（智能终端设备）组成及功能

（1）电动机微机保护测控装置（SPAC2000 - 01D）。

（2）电动机微机差动保护装置（SPAC2000 - 01E）。

（3）变压器微机综合保护测控装置（SPAC2000 - 01G）。

（4）馈线/母线分段/厂用分支微机保护测控装置（SPAC2000 - 1A - 2）。

（5）智能电动机控制器（SPAC202M）。

（6）发电机 - 变压器组测控装置 SPAC200E。

（7）发电机 - 变压器组测控装置 SPAC300E。

（8）其他接入设备：如发电机 - 变压器组、高压厂用变压器、启动备用变压器、UPS、直流等设备，其模拟量（如发电机励磁、中频量外）、开关量均引入智能型测控装置，保护及自动装置信息通过其通信接口经规约转换器接至间隔层现场总线网。智能型测控装置按间隔层设备相对集中设置。

11.2　ECS 技术规范

11.2.1　6kV 厂用电系统

6kV 厂用电系统见表 11 - 1。

表 11 - 1　　　　　　　　　　　　　6kV 厂用电系统

装置名称	ⅢA 段	ⅣA 段	ⅢB 段	ⅣB 段	备注
馈线微机综合保护侧控装置 SPAC2000 - 01A - 2	1	1	1	1	
电动机微机综合保护测控装置 SPAC2000 - 01D	17	14	11	15	
电动机微机差动保护装置 SPAC2000 - 01E	2	2	2	1	
变压器微机综合保护测控装置 SPAC2000 - 01G	7	4	3	4	
总计（套）	27	21	20	21	

11.2.2　380V 厂用电系统

（1）主厂房内就地装设分散测控装置见表 11 - 2。

表 11 - 2 主厂房内就地装设分散测控装置

回路名称	设备/数量				
	型号	ⅢA 段	ⅢB 段	ⅣA 段	ⅣB 段
主厂房工作段	SPAC202F	20 台	20 台	20 台	20 台
主厂房公用段	SPAC202F	13 台		13 台	
照明段	SPAC202F	2 台		1 台	
检修段	SPAC202F	1 台			
保安段	SPAC202F	23 台	24 台	23 台	24 台
机、炉 MCC	SPAC202F	14 台	14 台	14 台	14 台
总计		73 台	58 台	71 台	58 台

（2）主厂房外就地装设综合保护测控装置见表 11 - 3。

表 11 - 3 主厂房外就地装设综合保护测控装置

回路名称	设备型号/数量
电动机综合保护器	SPAC202M（70 台）
总计	70 台

（3）机组其他遥控、遥测、遥信测控装置见表 11 - 4。

表 11 - 4 机组其他遥控、遥测、遥信测控装置

机组	设备型号/数量
1 号机组	SPAC200E（6 台） SPAC300E（4 台）
2 号机组	SPAC200E（6 台） SPAC300E（4 台）
启动备用变压器	SPAC200E（2 台） SPAC300E（3 台）

注 以上设备均组屏安装于集控楼。

11.3 ECS 功能及操作

电气监控系统完成对厂用电及机组部分电气设备的监控、控制及远动信息传送等功能。正常运行时，不允许在就地或站控层对监控系统进行操作，其操作权限应被屏蔽，操作权交由机组 DCS。当机组 DCS 未投产或 DCS 死机时，操作权才交由监控系统。

控制方式为两级控制，即一级为就地控制，二级为站控层或 DCS 控制。操作命令的优先级为：就地控制→站控层或 DCS 控制。同一时间只允许一种控制方式有效。对任何操作方式，应保证只存在上一次操作步骤完成后，才能进行下一次操作。

在间隔层控制单元上设"就地/远方"转换开关，任何时候只允许一种操作模式有效。操作过程由计算机显示记录。间隔层就地操作应通过测控单元上的显示窗口，实现本单元

I、U、P、Q 等显示。

11.3.1　系统监控对象

（1）监控系统控制量。

1）220kV 断路器、隔离开关。

2）220kV 启动备用变压器出线断路器的遥控、遥测、遥信进入各机组和公用网络系统测控单元。

3）厂用 6kV 真空断路器、真空接触器。

4）厂用 380V 电源进线、分段空气开关。

5）重要的厂用 380V PC 至 380V MCC 空气开关。

6）成组设备的顺序控制：如倒母线等。

7）主厂房内集中控制的 380V 电动机。

（2）监控系统监测量。电流、电压、有功功率、无功功率、频率、功率因数、有功电能、无功电能和温度等。

（3）监控系统信号量。断路器、隔离开关以及接地开关的位置信号、FC 回路熔断器动作信号、继电保护装置和安全自动装置动作及报警信号、运行监视信号、变压器有载调压分接头位置等。

11.3.2　系统主要功能

（1）实时数据采集与处理。

（2）数据库的建立与维护。

（3）控制操作与同步检测。

（4）报警处理。

（5）事件顺序记录。

（6）画面生成及显示。

（7）在线计算及制表。

（8）电能量处理。

（9）时钟同步。

（10）人—机联系。

（11）系统自诊断及自恢复。

（12）与其他设备接口。

（13）运行管理功能。

（14）远动功能。

（15）实时数据的采集信号的类型。采集信号的类型分为模拟量、脉冲量和状态量（开关量）。

1）模拟量：电流、电压、有功功率、无功功率、频率、功率因数和温度量。

2）脉冲量：有功电量及无功电量。

3）状态量（开关量）：断路器、隔离开关以及接地开关的位置信号、继电保护装置和安全自动装置动作及报警信号、运行监视信号等。

11.3.3　部分间隔层保护测控单元（智能终端设备）组成及功能

（1）厂用分支馈线微机保护测控装置（SPAC2000‐1A‐2）。

1）三段式线间过电流保护。

2）三相一次自动重合闸。

3）低频元件。

4）小电流接地选线。

5）TV 断线检测。

6）过负荷报警。

7）合闸加速保护。

8）故障录波。

（2）发电机‐变压器组测控装置 SPAC200E 功能。

1）基本测量参数。

- 三相电流、三相电压、频率。
- 三相有功功率、总有功功率。
- 三相无功功率、总无功功率。
- 三相视在功率、总视在功率。
- 三相功率因数、总功率因数。

有功电能、无功电能、视在电能。

2）报警/保护功能。通过对继电器编程、可完成过电压、欠电压、过电流、超频、低频报警/保护，并可通过面板按键或上位机对越限参数进行整定。

（3）发电机‐变压器组测控装置 SPAC300E 功能。

1）信号采集功能。装置提供 16 路信号采集通道，同时通过 LED 显示。

2）通信功能。装置提供标准 RS485 通信口，采用标准 Modbus 规约，满足现场组网的要求。

（4）智能测控装置（SPAC202F）功能。

1）基本测量参数。

- 三相电流、三相电压、频率。
- 三相有功功率、总有功功率。
- 三相无功功率、总无功功率。
- 三相视在功率、总视在功率。
- 三相功率因数、总功率因数。
- 有功电能，无功电能，视在电能。

2）报警/保护功能。通过对继电器编程、可完成过电压、欠电压、过电流、超频、低频报警/保护，并可通过面板按键或上位机对越限参数进行整定。

参 考 文 献

[1] 中国电机工程学会. 火力发电厂安全性评价. 北京：中国电力出版社，2009.

[2] 中国电机工程学会. 火力发电厂安全性评价查询依据. 北京：中国电力出版社，2009.

[3] 湖南省电力公司. 300MW 火电机组危险点预测预控. 北京：中国电力出版社，2003.

[4] 胡志光. 发电厂电气设备及运行. 北京：中国电力出版社，2008.

[5] 熊信银. 发电厂电气部分. 4 版. 北京：中国电力出版社，2009.

[6] 李发海. 电机学. 4 版. 北京：科学出版社，2007.